手を動かしてわかるローコード開発の考え方

Microsot

Power Apps 入門

小玉純一
Microsoft MVP for Business Applications

山田晃央
Microsoft MVP for Business Applications

SE
SHOEISHA

はじめに

仕事や日々の生活のなかで考えたコトはありませんか？

「オーダーメイドでシステム開発してもらったのに使いづらい」
「自分で"簡単"に"素早く"アプリを作れたらいいのに……」

いま手に取っていらっしゃる、この本。まさに「Power Appsを使って"簡単"に"素早く"アプリを自分で作成する方法・考え方を案内する書籍」です。この書籍は、Microsoft社が提供する**Power Platform**と呼ばれるローコード・ノーコードで業務を改善する仕組みの中でも、Power Appsのアプリ作成の手順や、そこに至る考え方をお伝えする書籍として誕生しました。

この本の読み方

この本は、ストーリーと解説を中心に構成しています。ストーリーの部分を「物語パート」、技術的な解説などを「解説パート」と呼ぶことにしましょう。物語パートはフィクションではありますが、著者が実際に遭遇した課題をPower Appsで改善した実体験などをベースにしています。

▶ なぜ、物語パートを設けたのか？

解説だけの技術書は、現場での活用イメージがつかみにくいんじゃないかな？と考えました。そこで、物語パートで実際の現場を想像してもらい、より具体的なイメージを持ってもらえるようにしようと考えついたのです。読者の皆さんに具体的なイメージを持ってもらったうえで、解説パートで技術的な内容を補うことで、より理解が深まり視野も広がるのではないか、と我々は期待しています。加えて、物語パートを通して「アプリを作成するために考えるべきポイント」を感じていただければ嬉しいな、と思っています。さあ、主人公と一緒にPower Appsの世界へ飛び込んでいきましょう！

▶ 本書の守備範囲

本書では、Power Apps for Office 365を基本的な範囲としています。その
ため、有償ライセンスの機能（Microsoft Dataverse（旧CDS）、モデル駆動
型アプリ、AI Builderなど）は特別な理由がない限り登場しません。期待し
ていた方はごめんなさい。

▶ あると良い知識

Power Apps for Office 365の範囲がメインとなるので、SharePoint（Online
でも、オンプレでもどちらでもOKです）でカスタムリストを作成した経験
があると内容の理解がさらに向上すると考えています。加えて、サービスの
基盤となるMicrosoft 365の利用、例えばメールを送受信する、SharePoint
Onlineのポータルサイトを利用する、Teamsでコミュニケーションする、
etc.もあると良いでしょう。

「SharePoint Online でリスト作ってみたコトがある」
「Microsoft 365を使ったコトがある」

上記の2つがあるだけでPower Appsでアプリ開発できる技術と知識を身
に付ければ、すぐにでもアプリ作成ができるようになります。普段から
Microsoft 365を業務で利用している方には、よりチャンスがあふれている
かもしれません。ぜひ、一緒にPower Appsについて学びましょう。

CONTENTS

第2章 ≫ Power Appsで業務効率化 ～残業申請編～

第3章 ≫ Power Appsで業務効率化 ～申請承認編～

第4章 ≫ Power Appsで業務効率化 ～運用編～

第5章 ≫ エピローグ ～未来にむけて～

読者特典のダウンロード

　本書の読者特典として、以下のサイトから本書が提供するサンプルファイルや、ページの都合で本書に掲載しきれなかった解説ページのPDFファイル、およびリンク集のPDFファイルをダウンロードできます。

https://www.shoeisha.co.jp/book/present/9784798170558/

ダウンロードできるコンテンツは以下です。

- 付録解説（PDFファイル）
  - アプリのフィードバック対応
  - その他 業務改善に活用しそうなコントロール
  - Microsoft Dataverse・Microsoft Dataverse for Teams について
- サンプルアプリ
  - サンプルアプリファイル
  - サンプルアプリのインポート手順解説（PDFファイル）
- リンク集（PDFファイル）

　詳しくはダウンロードサイトをご覧ください。

序章

Power Appsとの出会い

　非IT系企業に勤務する主人公が、Power Appsに出会うところから物語は始まります。

　Power Appsを初めて学ぶ方は、主人公と一緒に取り組んでいきましょう。Power Appsをある程度ご存じの方は、ご自身が初心者の頃を思い出しながら、おさらいだと思ってしばらくお付き合いいただければ幸いです。

アクセスキー　Q（大文字のキュー）

外注システムは高い、遅い、使いにくい

　舞台はM県S市にある中小企業の情報システム部です。1年ほど前に、老朽化したメールシステムからMicrosoft 365へ切り替えたばかりというタイミング。なにやら、不穏なシーンのようですね。少し、会話を聞いてみましょう。

既製品は帯に短したすきに長し

　「あのウワサ、知ってますか？」
　PCに向かって黙々と資料を作成していたJは、部下のXから突然声をかけられました。
　「例の予算削減のハナシかな？」
　「はい、さっき部長が話しているのを聞いちゃったんです」
　舞台は、従業員数が500名をやや下回るぐらいの出版関連企業です。社員の大半は、パソコンを使っていてもコピー＆ペーストのキーボードショートカットを知りません。そんなITスキルの社員に対して、情報システム部が手分けをして教育とフォローを実施し、やっとMicrosoft 365の使い方などに慣れてきました。ようやく一息つけそうか、と情報システム部の誰もが感じ始めたタイミングで"業績影響で予算を削減する"という噂がまことしやかに社内を駆け巡っていたのです。Xは心配そうな顔で会話を続けます。
　「今期予算でいくつかシステムの改訂とか計画していましたよね……。予算取れますかね？」
　「ボクたちは、システム開発ベンダーさんに頼むしかないからなぁ。予算が削られると、正直キビシイよね。外注しても、なかなか使い勝手が良いシステムやアプリができないのも悩ましい」
　PCの電源を入れながら「そうですねぇ」とXがポツリと言いました。情報システム部には部長を含めて5名が在籍していますが、本格的なプログラミング経験があるメンバーはいません。かろうじてJが、大学時代にC言語を習った程度です。Xが何か言葉を続けようとした時、2人のOutlookにメールが届きました。そのメールを開いたXが、深いため息とともに言いました。

序章

第1章

第2章

第3章

第4章

第5章

Power Appsとの出会い

「Jさん、また勤怠システムでデータミスマッチみたいですよ。早急に
データ修正しろって……。また残業ですね。はぁ……」

「また残業申請用紙を書かないとダメなのか。あれ、手書きなのがメン
ドクサイんだよな」

「そこもシステム化して効率化するんじゃなかったんですか?」

「ウチの会社、勤怠が部署によってバラバラだから、勤怠システムもオ
ーダーメイドの自作システムなのは知ってるよね? そこに残業申請の管
理はカスタマイズでも追加が難しいって、先月の会議で結論でてたね……」

出版関連の企業なため、記者や営業は裁量労働制、情報システム部や印
刷に関連する部署は夜勤もあります。また、総務部のようなバックオフィ
ス系は日勤のみといったように、部署によって勤怠管理がバラバラなので
す。この状況に対応できない市販の勤怠管理ソリューションは導入できま
せんでした。自社の運用に合わせるため、システム開発会社へ依頼してオ
ーダーメイドの勤怠システムを構築してもらいました。そのため、社内で
カスタマイズするのが難しく、しかも「予算削減」という状況になってい
るのです。

そんな部署によって勤務時間が異なる業態のため、各社員は「今月はn時
間ぐらい働く予定です」という毎月の稼働における見込み時間の一覧を、上
長の承認を得て総務部へ提出するルールになっていました。その見込み時
間を超過する場合「残業申請用紙」と呼ばれる用紙に手書きして、これまた
本人と、上長の捺印をもって総務部へ提出という運用になっていたのです。

「この手書き、まだ続くのかー。もう、いっそ残業申請だけ別のアプリ
でも良いですよねー」

「確かにそうだね。しかも営業のメンバーは外出も多いからスマートフ
ォンからでも利用できると便利だよな。せっかくMicrosoft 365を導入し
てインターネットさえあればクラウドで情報連携できる環境になったんだ
から、もっと活用していきたいよね」

「そっすねぇ。まー、情シスでプログラミングできる人いないっすけどね」

残業申請用紙を手慣れた様子で記入していくJでしたが、ふと脳裏に
「Power Apps」というキーワードが浮かびました。

「あれ? Microsoft 365の関連でアプリ開発ができるソリューション
があって、Power Appsって名前だ、って365導入プロジェクトやってた
時にどこかで聞いたことあるぞ。細かく思い出せないなぁ。今はトラブル
対応が優先だから後で調べよう」

Jは忘れないように"Power Apps"と持っていたノートに走り書きを
しました。

本書のストーリー

　オーダーメイドで作ったにもかかわらず、なかなか使い勝手の良くない独自のシステム。紙の資料に手書きで記入する○○申請のような運用。読者の皆さんも経験したことありませんか？

　物語パートでは、そんな課題を抱えているにもかかわらず、改善するスキルセットもない、予算は削られるかもしれない、という情報システム部のJがPower Appsと出会って「内製化」「業務効率のUp」を実施していくストーリーが主軸となります。

対象読者

　Power Appsに少しでも興味があるすべての方を対象としていますが、特に下記のような方に最適と考えています。

- 業務システムや業務アプリの内製化を目指したいヒト
- 業務のIT化が進んでいない、ITで業務改善ができるんじゃないか？と感じているヒト
- Power Appsをやり始めたけど、この先どうしたら良いか？悩んでいるヒト
- 「市民開発者」を手助けしたい"プロ開発者"のヒト

　本書は、Power Appsを活用して業務の改善をしたい、内製化を目指したい方はもちろんのこと、非ITの方が"内製化を目指すシーン"を手助けしたいプロ開発者の方々にもぜひ読んでもらいたい、という気持ちで書いています。物語パートでは、著者の我々自身がつまづいたポイントや、悩んだ部分を赤裸々に記載しています。そのため、同じように業務IT化、業務改善へ取り組もうとしている方はもちろん、そこを助ける立場のプロ開発者の皆さんにも何か"気づき"や"発見"があると幸いです。

必要な知識・経験

　非IT系の企業を舞台に物語パートは進みます。Power Appsで改善していく業務は企業活動における申請などになります。承認申請ワークフローの初歩的なイメージがあると読みやすいと思います（もちろん、ない方にも伝わるように精一杯の工夫はしてあります）。

　Power Appsは"コントロール"と呼ばれる部品を画面上にドラッグ＆ドロップで配置していきます。そのため、PowerPointやExcel、Wordで図形を利用した経験があると感覚がわかりやすいと思います。また、ExcelのSUM関数（合計を求める命令）のような「関数」が登場しますので、Excelで関数を利用したことがあるとなお良し、と著者の我々は考えています。

　つまり、非ITの方でも、一般企業の業務イメージがあって、PowerPoint・Excel・Wordを使ったコトがあれば比較的容易にPower Appsへアプローチできる、ということです。皆さんも、パソコンの操作に慣れるまではチョット勉強して、少し操作の練習をしましたよね？　Power Appsも同じで、基礎を学んで、アプリ作成を練習すれば必ず身に付きます。ぜひ、一緒に学んでいきましょう。

　本書は、物語パートで紹介した状況に応じた機能やテクニックについて解説するながれで進みます。とはいえ、いきなり技術的な話題は登場しません。まずは「Power Appsとは？」から一緒に学んでいきましょう。さて、何かを思い出した主人公はこの後どうなっていくのでしょうか。

序章
第1章
第2章
第3章
第4章
第5章
Power Appsとの出会い

Ⅱ Power Appsとの出会い

　Power Appsを利用すれば内製でアプリが作れるかも？と気づいた主人公。この節では、Power Appsの概要と、Microsoft 365の"どのライセンスであれば利用可能か？"を確認していきます。

Power Appsという選択肢

　残業でトラブル対応を完了した翌日、さっそくJはブラウザーを起動して"Power Apps"を検索してみました。Microsoft社公式サイトの情報をはじめ、有志の方が公開しているBLOGや動画が大量に検索結果として出てきました。"Microsoft Power Appsを使用すれば、だれでもローコードのアプリを素早く構築して共有できます"

　「なるほど、アプリをブラウザー上で作ることができる、ってことか。Microsoft 365導入プロジェクトに参加していた時にみたことあると思ったら、SharePoint Onlineのカスタムリストから自動でアプリも作れるんだ。しかも、リストをデータの保存先として利用している」

　Jは、Microsoft 365導入プロジェクトに参加していたタイミングでSharePoint Onlineの社内ポータルを担当していました。調べていくうちに、SharePoint Onlineサイトをメンテナンスしている時に"Power Apps"や"Power Automate"という表示があったことを思い出しました。

　「なるほど、あのボタンはコレだったのか！」

　Microsoft 365を導入済みの自社であればPower Appsが利用できることを知ったJは、さっそくアプリの作成に取り掛かろうと決めたのでした。

序章

第1章

第2章

第3章

第4章

第5章

Power Appsとの出会い

Power Appsとは

　"Power Appsとは？"をひとことで表現するのは非常に難しいのですが、著者である我々は"ローコード・ノーコードでアプリケーションがブラウザー上で作成できる仕組み"と表現しています。

　ローコードとは、プログラミング言語をほとんど記述せずにアプリケーションなどを作成することを指しており、ノーコードは全くプログラミング言語を記述しないことを指します。つまり、"Power Appsは、システム開発やプログラミングの経験がなくても利用できる道具である"と言い換えることもできるでしょう。もちろん、プログラミング等のICT知識があればより高度なアプリケーションも作成が可能です。

現場で業務改善

　物語パートで登場するＪが考えた、"煩わしい残業申請の手書き運用を改善したい"というアプリを利用した業務改善、効率化の仕組み作りは、技術力のみでなく業務の知識、理解が必要となります。その業務を最も理解し、知識を持っているのは現場の方々です。業務にマッチせず市販のソフトウェアを導入できない、ICTベンダーへ独自システムの作成を依頼したにもかかわらず全く使い物にならないという例もあるかと思います。そうした時、"現場で素早くアプリを作成し、実際に利用を試して改善点があれば素早く修正して対応する"といった試行錯誤を含めた改善活動が実現可能なものがPower Appsである、と我々は信じています。

　「ほしいアプリを自分で作る」ことができるんです。夢が広がりますよね。

　Power Appsはクラウドサービスとして提供されており、アプリの作成はすべてブラウザー上で完結します。作成したアプリはブラウザー上ですぐに実行できます。加えて、対応したAndroidや、iPhone・iPadといったスマートフォンやタブレットでも、作成した1つの同じアプリが利用できます。パソコン用、スマホ用、みたいに複数デバイスに対応するためにアプリを分割したり、再作成したりは基本的に必要ありません。

Power Appsのライセンス

Power Appsのライセンスはサブスクリプション契約となります。アプリの作成、利用に関しては1名につき1つのライセンスが必要になります。表0.1のように、Microsoft 365やDynamics 365のライセンスにはPower Appsのライセンスが含まれている種類があります。Power Appsが利用可能なライセンスは"Power Apps for Office 365"という名前です。

表0.1　Power Apps for Office 365が含まれる主なライセンス

Microsoft 365 Business Basic	Microsoft 365 F3
Microsoft 365 Business Standard	Microsoft 365 E3
Microsoft 365 Business Premium	Microsoft 365 E5
Office 365 E1	Office 365 A1
Office 365 E3	Office 365 A3
Office 365 E5	Office 365 A5

表0.1のライセンスをご利用中の方であれば、今すぐアプリの作成を試すことが可能です。上記以外のライセンスにはPower Appsは含まれておりません。

※システム管理者によってPower Appsの利用が制限されている場合があります。その際は、Microsoft 365全体管理者の権限を保有している方へご相談ください。

Power Apps for Office 365に加えて、Power Apps単体で契約する有償ライセンスもあります。

表0.2　Power Apps有償ライセンス

Per app plan	1つのアプリまで作成か利用が可能
Per user plan	無制限にアプリの作成や利用が可能

ライセンスによって、表0.3のように利用できる機能が異なります。
価格は以下の公式サイトでご確認ください。

表0.3　Power Apps for Office 365と有償ライセンスの差異

機能	Power Apps for Office 365	有償ライセンス
キャンバスアプリの作成	○	○
モデル駆動型アプリの作成	×	○
Premiumコネクターの利用	×	○
ソリューションの作成	×	○
カスタムコネクターの作成	×	○
Microsoft Dataverse（旧CDS）の利用	×	○
データフロー（データ統合機能）の利用	×	○

● Power Appsの価格

https://powerapps.microsoft.com/ja-jp/pricing/

参考となるサイトや動画

　本書は、Power Apps for Office 365ライセンスの範囲で実施できる業務ア
プリがメインとなります。その他、Power Appsをはじめるために参考にな
るサイトや動画を記載しておきます。

● Power Apps

https://powerapps.microsoft.com/ja-jp/

● Power Apps とは（DOCS）

https://docs.microsoft.com/ja-jp/powerapps/
powerapps-overview

● Power Appsの使い方（YouTube）

https://www.youtube.com/playlist?list=PLNyto1oCyhGJe
2f4KVTXyfMQBdaO96NE4

● App in a Day @Home ─ お家で Power Apps ハンズオン！

https://www.youtube.com/playlist?list=PL1RqQ3kddIpa0
plPbFZ2ExF-hCnazx-Rd

序章
第1章
第2章
第3章
第4章
第5章
Power Appsとの出会い

第1章

Power Appsで何か作ってみる
～はじめてのアプリ～

　序章でPower Appsの概要などをある程度つかんでもらったかなと思います。続いてPower Appsのアプリ作成へチャレンジしていきましょう。

　いきなリアプリ作成しましょう！ではなく、基礎から学んでいきます。

アクセスキー　**T**　(大文字のティー)

1 はじめてのPower Apps

　まずは、Power Appsの開発画面を起動する手順から、アプリを保存する方法を紹介していきます。お手元にMicrosoft 365があって操作可能な方は、主人公と一緒に手順を試してみてください。

Power Appsを始める第1歩

　所属企業がすでにMicrosoft 365を利用しているJは、さっそくPower Appsの画面を起動してみることにしました。Microsoft 365のサインイン画面から自分のIDでサインインした後、Power Appsを探します。「あれ？　見当たらない……。」

　起動した365ホームページではPower Appsが見つかりません。情報システム部としてMicrosoft 365導入をけん引してきたメンバーのひとりなので、慌てる様子はありません。「普段利用するメニューの一覧にないってことはー」と思いながら、JはMicrosoft 365ホームページから［すべてのアプリ］を開きます。「見つけたぞ！」

　すべてのアプリ一覧に目的のアイコンを見つけました。まずは事前に用意されているテンプレートからいくつかアプリを作成してみます。「いろいろできそうだ。しかし、テンプレートがほとんど英語なのはつらいなぁ」

　まずはPower Appsを始める第1歩を踏み出しました。

Power Appsホームページ

　アプリの作成は、Power Appsホームページ（https://make.powerapps.com）から始めます。自分が作成したアプリはPower Appsホームページで確認することが可能です。加えて、サンプルアプリであるテンプレートや、空白の画面からアプリ作成を開始することも可能です。

▶ Power Appsホームページへの導線

Power Appsの一般的な開始方法を説明します。アプリを作成した後で、そのアプリを確認・編集する際も同じ手順となりますので、しっかりと覚えておきましょう。

①Microsoft 365のサインイン画面（https://portal.office.com/）でID、パスワードを入力してサインインしてください。

※すでにサインイン済みの場合はスキップされます。

②Microsoft 365ホームページが表示されるので、アプリから［Power Apps］をクリックします。

※表示されていない場合は［すべてのアプリ］をクリックしてください。

図1.1　［Power Apps］をクリック

序章
第1章
第2章
第3章
第4章
第5章
Power Appsで何か作ってみる〜はじめてのアプリ〜

③Power Appsホームページが表示されます。

図1.2　Power Appsホームページ

[起動ツールに固定]

　Power AppsのアイコンをMicrosoft 365のメニューへ常に表示したい場合は［Power Apps］アイコンを右クリック→［起動ツールに固定］をクリックします。

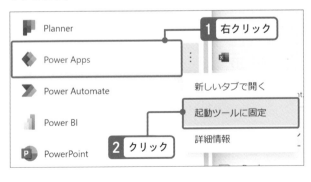

▶ 空白の画面からアプリを作成する方法

ゼロからアプリを作る方法を説明します。あわせて、アプリのテスト実行
や保存についても解説します。

①Power Appsホームページで、[ホーム] → [キャンバス アプリを一
から作成] をクリックします。

図1.3 [キャンバス アプリを一から作成] をクリック

②アプリ名と形式を選択します。

図1.4 アプリ名と形式を選択

画面内の各項目は、以下の通りです。

序章

第1章

第2章

第3章

第4章

第5章

Power Appsで何か作ってみる〜はじめてのアプリ〜

表1.1 ［キャンバス アプリを一から作成］画面の項目

アプリ名		作成するアプリの名称を入力してください。
形式	タブレット	タブレットやPCブラウザーでの利用に最適化された画面レイアウトです。スマートフォンでも利用可能です。スマートフォンでタブレットレイアウトを利用する場合、画面の向きが基本的に横に固定されます。
	電話	スマートフォンでの利用に最適化された画面レイアウトです。選択した場合、デフォルトの状態では縦向きの画面となります。

③空白のアプリ編集画面が表示されます。

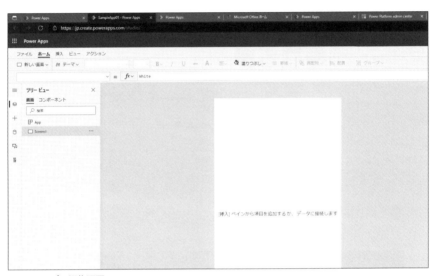

図1.5 アプリ編集画面

上記のPower Appsのアプリ作成画面は「Power Apps Studio」と呼ばれます。Power Apps StudioでサポートされているブラウザーやOSは、以下をご確認ください（2022年1月現在の情報）。

表1.2 Power Apps StudioでサポートされているブラウザーとOS

ブラウザー	Google Chrome、Microsoft Edge（最新3つのメジャーリリース）
OS	Windows8.1以降、macOS 10.13以降

● Power Apps Studio向けにサポートされているブラウザー
  https://docs.microsoft.com/ja-jp/powerapps/maker/canvas-apps/
  limits-and-config#supported-browsers-for-power-apps-studio

キャンバスアプリの作成、編集はこのPower Apps Studioを利用して実施します。図1.6のように画面は大きく4つの項目で構成されます。

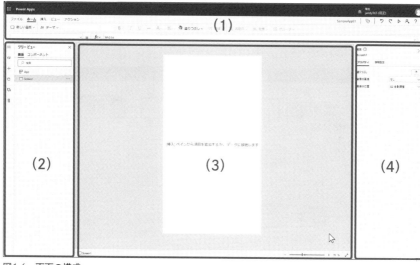

図1.6　画面の構成

（1）の部分はメニュータブ、および数式バーです。作成したアプリの保存や、新しい画面やコントロールを追加する際に利用します。選択したコントロールの文字色などを変更する機能なども提供されます。数式バーでは、選択したコントロールに対して関数（画面遷移をするなどのアクションを実行する命令や、文字の色などを指定する命令）や値を設定します。

（2）は、追加した画面やコントロールの階層ビューや、接続されているデータソースの一覧などを確認する領域です。

（3）の領域には、作業中のキャンバスアプリが表示されます。メニュータブ等で追加されたコントロールをドラッグアンドドロップで位置を変更したり、大きさを変えたりできます。

（4）では、選択しているコントロールのプロパティやレイアウト、データソース等のオプションを設定します。

④アプリを保存するには、[ファイル] タブを
クリックします。

図1.7　[ファイル] タブ

⑤ [名前を付けて保存] メニューの [保存] をクリックします。

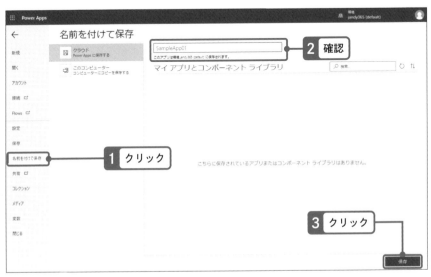

図1.8　[名前を付けて保存]

⑥保存したアプリを公開したい場合は [公開] をクリックします。

図1.9　[公開]

⑦ポップアップが表示されるので、［このバージョンの公開］をクリックして公開します。

図1.10 ［このバージョンの公開］

　Power Appsのキャンバスアプリを一度保存すると、その後はおよそ2分間隔で自動保存されます。加えて、保存されたバージョンは自動的に管理されます。アプリを編集した後で、1つ前のバージョンに戻すなどが容易に実施できるよう配慮されています。保存したアプリが自動的に公開されないのは、編集途中のアプリが意図せず利用ユーザーへ公開されてしまわないように、というガードになっています。

　保存したアプリのバージョンで、利用ユーザーに向けて公開する場合は［公開］を実施する必要があります。公開を実施して現在公開されているアプリを"ライブバージョン"と呼びます。

　真っ白な画面を単純に保存しただけですが、アプリを作成して利用する際は［保存］と［公開］が必ず実施する手順となります。まずは［保存］と［公開］の手順はしっかりと覚えておきましょう。

2 データソースの用意とアプリの自動生成

　アプリ作成画面の起動や保存の次は、お待ちかねのアプリ作成手順です。アプリの作成についてはいくつか方法があるのですが、まずは超便利機能［アプリの自動生成］を紹介します。

アプリが実際に動作している！

　JはPower Apps Studioを起動してアプリを作成する手順を把握しました。そして、もう1つアプリを作成する導線があることを事前に調べていました。今度はその方法を試してアプリを作ってみようと考えたJはブラウザーを立ち上げながら、ToDoを管理するアプリを作ろうと思いつきました。OneDrive for Business上にExcelを作成して、列名と1つのデータを持つ単純なテーブルを作ります。

　「Excelはできたから閉じて、Power Apps Studioの画面でポチっと……」独り言をいいながら作業を進めるJ。作業を開始してから10分も経たずにPower Appsの編集画面が表示されました。

　「え？　マジで？」おそるおそる、再生ボタンをクリックします。「すごい！　こいつ動くぞ！」

　Excelファイルを作成し自動生成をしたアプリで実行ボタンを押しただけなのですが、はじめて作ったPower Appsアプリが実際に動作していることにJは興奮を抑えきれないようです。

　ここまで、1行もソースコードや関数を記述していません。興奮冷めやらぬまま、試しに新しいデータを追加してみます。

　「一覧画面にはExcelでテスト登録しておいたデータが表示されていたけど、さらに1件追加された！　今回はExcelをデータソースにしたハズだから……そこにも新規登録が反映されているか確認してみよう」

　先ほどOneDrive for Businessへ保存したExcelを開いてみます。

　「ちゃんとデータが追加されてる！　1行もソースコード書いてないのに！！　これがノーコードってことか。凄いぞ」

アプリを自動生成

Power Appsには、データソースからアプリを自動的に作成する機能が提供されています。プログラミング言語をいっさい使用せず、関数などソースコードを1行も書くことなく定型アプリが作れてしまう仕組みです。

Power Appsでは"コネクター"と呼ばれる仕組みで数百種類にもおよぶ対象からデータを取得し、追加・更新・削除が実施できるようになっています。その"コネクター"で接続されるデータを保管する場所を「**データソース**」と呼びます。Power Appsは基本的にデータを貯めておく場所をコネクターで接続して指定する必要があります。

このパートでは、Excelファイルでデータソースを準備してアプリを自動生成する手順を説明します。

▶ Excelのデータソースを準備してアプリを自動生成する

ここではExcel Onlineを利用した手順を紹介します。パソコンにインストールされているExcelからファイルを作成し、OneDrive for Businessへアップロードする手順でも同様の結果になります。

①Excel Onlineを起動し［新しい空白のブック］をクリックします。

図1.11　［新しい空白のブック］をクリック

②ファイル名を分かりやすいものに変更（例では"DataBook"としています）し、Excel上でテーブルを作成します。

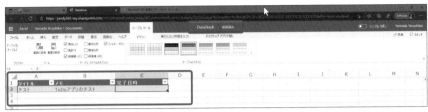

図1.12　テーブルを作成

ここでは、以下のようなテーブルを作成します。

表1.3　作成するテーブル

タイトル	メモ	完了日時
テスト	ToDoアプリのテスト	

Excel Onlineで必要な手順は以上です。ブラウザーのタブを閉じてください。作成したファイルはOneDrive for Businessの［自分のファイル］へ自動的に保存されます。必要に応じてフォルダへ格納するなど実施してください。ここではファイルは移動せず、このままの状態で説明を続けます。

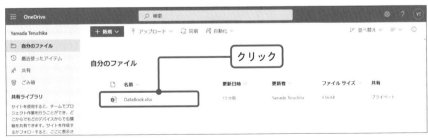

図1.13　［自分のファイル］へ自動的に保存

③Power Appsホームページ（https://make.powerapps.com）を表示します。

④Power Appsホームページにある［データから開始］から［Excel Online］をクリックします。

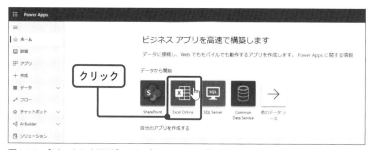

図1.14　［データから開始］から［Excel Online］をクリック

⑤接続の画面が表示されます。OneDrive for Businessが選択された状態となっているので［作成］ボタンをクリックしてください。

図1.15　［作成］ボタンをクリック

　この画面を1度でも利用したことがある場合は、利用しているコネクターの一覧が表示されます。接続画面上でOneDrive for Businessが表示されていない場合は［新しい接続］からコネクターを追加することが可能です。

序章
第1章
第2章
第3章
第4章
第5章
Power Appsで何か作ってみる〜はじめてのアプリ〜

⑥OneDrive for Businessへのコネクターが作成されると［Excelファイルの選択］が右側の画面に表示されます。準備したExcelファイルをクリックします。

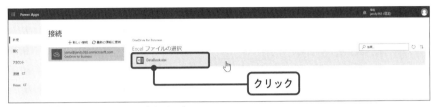

図1.16　準備したExcelファイルをクリック

⑦選択したExcelファイル内にあるテーブルが右側の画面に一覧表示されるので［テーブル1］を選択し［接続］をクリックします。

　選択したExcelファイルに複数のテーブルが含まれている場合は、テーブル名が一覧で表示されます。Power Appsで利用するテーブルを選択して接続しましょう。

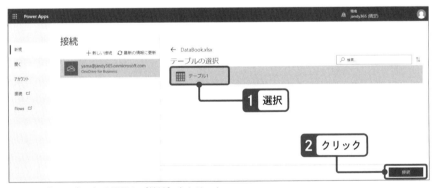

図1.17　［テーブル1］を選択し［接続］をクリック

⑧問題なく接続された場合、Power Apps Studioの画面に切り替わります。

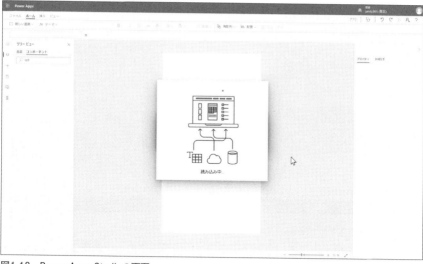

図1.18　Power Apps Studioの画面

⑨［Power Apps Studioへようこそ］の画面が表示されれば完了です。
　［スキップ］ボタンをクリックしておきましょう。

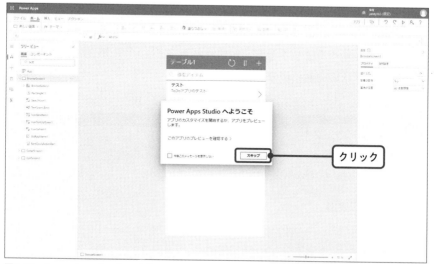

クリック

図1.19　Power Apps Studioへようこそ

この手順でExcelファイルから自動生成したアプリは保存されていません。このままブラウザーを閉じてしまうとアプリが削除されてしまいます。せっかく作成したアプリが消えてしまわないように、まずはアプリを保存しておきましょう。

⑩　［ファイル］→［名前を付けて保存］を選択します。アプリケーションの名前を入力し［保存］をクリックすることで保存されます。
※例では "Excelから自動生成アプリ" という名前で保存しています。

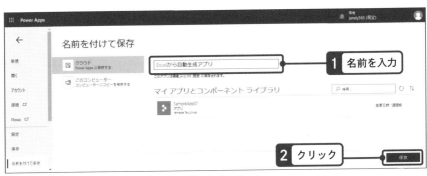

図1.20　アプリケーションの名前を入力し［保存］をクリック

　保存が問題無く完了すると画面が切り替わります。［←］（戻る）をクリックするとアプリの画面に戻ります。

図1.21　アプリの画面に戻る

これでExcelファイルをデータソースに指定してアプリを自動生成し、保存することができました。なお、データソースから自動生成するアプリは本書執筆時点で"携帯電話レイアウト"で作成されます。

▶ 保存したアプリのプレビュー（テスト実行）をする

Power Appsでは、アプリを作成中の状態でシームレスにテスト実行が可能です。これにより、アプリで編集した結果を間髪入れずに動作確認してテストできます。"ちょっと編集する"→"すぐに変更結果を確認する"というサイクルをスピーディーに回すことで「期待した動作になっているか？ちゃんと動作するか？」をスグに確認できます。

① Power Apps Studioの画面で、右上にある［アプリのプレビュー］ボタンをクリックするか、F5キーを押下します。

図1.22　アプリのプレビューボタン

図1.23　アプリのプレビューボタン（拡大）

序章
第1章
第2章
第3章
第4章
第5章
Power Appsで何か作ってみる〜はじめてのアプリ〜

②画面が切り替わり、アプリが実行されます。

図1.24　アプリが実行される

　せっかくアプリを起動したので、テスト実行のままでデータを1つ追加してみましょう。

　③アプリ画面上の［+］アイコンをクリックすると、新規登録画面へ遷移します。

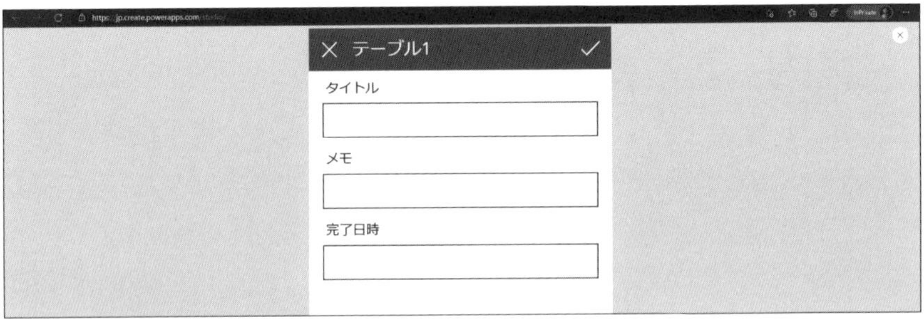

図1.25　新規登録画面

④画面に表示される項目が、作成したExcelファイルのテーブルで指定した列名になっています。各項目に入力して、右上の［✓］（チェック）をクリックします。

図1.26　［✓］（チェック）をクリック

⑤問題なければ、アプリを起動した画面へ戻ります。先ほど追加したデータが一覧上に確認できれば成功です。

図1.27　アプリを起動した画面へ戻る

⑥実際に、データソースへ追加されているかを確認してみましょう。OneDrive for Businessで保存されているExcelファイルを開いてみてください。

序章

第1章

第2章

第3章

第4章

第5章

PowerAppsで何か作ってみる〜はじめてのアプリ〜

図1.28　Excelファイルを開く

　Excelファイルのテーブルには、末尾に［ __PowerAppsId_ ］という列が
自動で追加されます。これは、Power Appsのアプリがコネクターで接続す
るために自動で付与している列です。列や値を削除してしまうとデータソー
スとして正しく動作しなくなる場合があります。うっかり編集しないよう気
を付けましょう。

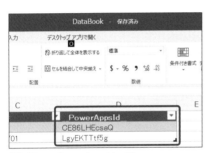

図1.29　__PowerAppsId__列

　Excelファイルのテーブルに新しい行が追加されていることが確認できま
した。ここまで1行も関数やソースコードを書くことなく"新規追加"がで
きるアプリが作れました。
　この後の章で解析していきますが、自動生成されたアプリのボタンや一覧
の表示など各種コントロールにPower Apps側で自動的に関数を設定してく
れています。自動生成されるアプリについて、さらに詳しい説明は後述しま
す。まずは「こんな感じの動作なんだね」という感触をつかんでください。
続いて、テスト実行を終了してみましょう。

⑦テスト実行を終了したい場合は右上の［×］（閉じる）をクリックすると、Power Apps Studioの編集画面へ戻ります。

図1.30　［×］（閉じる）をクリック

序章

第1章

第2章

第3章

第4章

第5章

Power Appsで何か作ってみる〜はじめてのアプリ〜

　ちなみに、Power Apps Studioを終了する場合は、現在利用しているブラウザーのタブを閉じるだけです。もちろん、ブラウザーやタブを閉じる前に保存されていない変更は無くなってしまいます。せっかく作ったアプリをうっかり保存せずに無くしてしまわないよう注意してください。

TIPS

Power Apps Studioで毎回表示されるポップアップは消してイイの？

　ブラウザーを起動してPower Apps Studioを初めて開くと、必ず"Power Apps Studioへようこそ"のメッセージが表示されます。また、保存済みのアプリを編集する際も必ず表示されるようになっています。このメッセージは［今後このメッセージを表示しない］にチェックした状態で［スキップ］ボタンをクリックすることで、ブラウザーを終了するまで表示されないようにできます。

同様の操作で、Power Apps Studioでテスト実行を終了した際に表示されるメッセージも利用しているブラウザーを終了するまでは非表示にできます。

なお、どちらの設定も利用しているブラウザー単位で記憶されます。ブラウザーの再起動した際や、他のブラウザーを利用した場合は、再度メッセージが表示されます。

▶作成したアプリをPower Appsホームページから実行する

次は作成したアプリを利用者の立場で実行する方法を紹介します。

①Power Appsホームページの［アプリ］をクリックします。アプリの一覧に先ほど作成したアプリの名前が表示されていることが確認できます。

図1.31　アプリの名前が表示されている

②以下の3つの手段で実行が可能です。
(a) 表示されているアプリの［名前］を直接クリックする
(b)［…］（三点リーダー）をクリックして［再生］をクリックする
(c) 再生したいアプリを選択（✓）して、メニューの［再生］をク

リックする

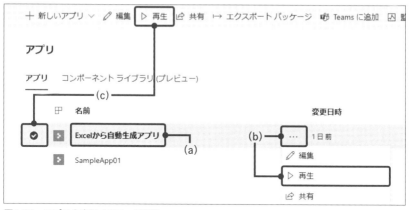

図1.32 アプリを実行する3つの導線

③ブラウザーの別タブでアプリが表示されます。

図1.33 別タブでアプリが表示される

　これが、利用者の立場でアプリを使う導線になります。この手順で実行されるアプリは、Power Apps Studioの編集画面で「公開」されたバージョンになります。アプリ作成者側で編集中のアプリは公開されるまで利用者に反映されません。

　アプリの終了は、Power Apps Studioと同様にブラウザーのタブを閉じるだけです。

序章

第1章

第2章

第3章

第4章

第5章

Power Appsで何か作ってみる～はじめてのアプリ～

アプリ実行画面サイズがおかしい場合の対処方法

　ブラウザーの画面拡大率や、利用しているPCの画面解像度によってアプリの画面が見切れてしまう場合や、小さく表示されてしまうことがあります。

・極端な例

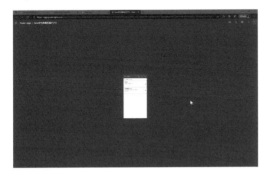

アプリのサイズがとても小さいですね。こんな場合、いくつか対処法がありますので慌てずに試してみましょう。

対処法1：ブラウザーを再読み込みする

ブラウザーの更新マークをクリックするか、キーボードのF5キー（ファンクションキー）を押下してみましょう。

対処法2：[画面に合わせる] アイコンをクリックする

アプリの右上にある [画面に合わせる] をクリックします。このボタンは、現在のサイズにあわせてアプリ画面を上下左右が収まるように自動調整してくれます。

対処法3：ブラウザーを再起動する

何をしても直らない場合は、ブラウザーを再起動してみましょう。その際、ブラウザーキャッシュのクリアも再起動の前にあわせて実施しておくと、より復活する可能性が高くなります。

3 自動生成されたアプリの画面について

　アプリの自動生成、とても便利ですよね。この自動生成で作られたアプリは、学習に最適な材料でもあります。全自動で作られたアプリの中身を主人公と一緒に解析して知識を深めましょう。

3つのScreen

　1行もソースコードを書くことなく"動くアプリ"ができあがりました。Jは自動生成されたアプリのPower Apps Studio画面をさらに調べていきます。

　「空のアプリを作った時はScreen1枚からスタートで、何もない白紙からだったけど、自動生成だと3枚のScreenが全部お任せで準備されるのか」

　画面の"ツリービュー"を確認して、3つのScreenがあることに気づきます。アプリのプレビューでテスト実行を繰り返しながら画面遷移やボタンの動作を把握していきます。

　一覧からデータを選ぶと詳細画面が表示されて、さらにデータ編集をするか、データの削除ができることがわかってきます。

　「すごい。データソースを作って、アプリを自動生成しただけなのに、一覧と追加・編集・削除がすべて動くアプリが数分でつくれちゃう。コレを改造していけば入力系の業務とかでも使えるかも！」

　アプリのプレビューボタンをクリックして動作を確認して、直前に操作したボタン等のコントロールにどんな関数が書かれているかをチェックします。自動生成アプリを分析しながらJの興味はどんどん加速していきます。

自動生成される画面

　Power Appsでデータソースから自動生成したアプリはシンプルな構造になっています。加えて、業務アプリで利用頻度が高い関数や画面の動きが大量に盛り込まれていて、Power Appsのアプリをはじめて学習するには最適な教材だと著者の我々は考えています。そんな学習に最適な自動生成アプリの各画面を利用してPower Appsのアプリを詳しくみていきましょう。

　まずは、閉じてしまったアプリを再度Power Apps Studioで編集できる状態にする手順から案内します。

▶ アプリを再度編集する
以下の2つの手段があります。

　　(a)［…］（三点リーダー）をクリックして［編集］をクリックする。
　　(b)再生したいアプリを選択（✓）して、メニューの［編集］をクリックする。

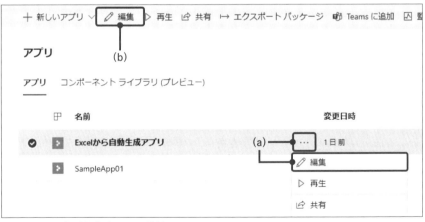

図1.34　・アプリを編集する3つの導線

▶ 自動生成される3つの画面

データソースから自動生成したキャンバスアプリは、既定で3つの画面が提供されます。この画面を「スクリーン」と呼びます。

図1.35　3つの画面

表1.4　3つの画面

BrowseScreen1	一覧画面。新規追加画面や、詳細表示画面への導線になります。
DetailScreen1	詳細表示画面。一覧画面で選択した情報の詳細が確認できます。
EditScreen1	新規・編集画面。データの新規登録、または編集を実施する画面です。

column

機能としての役割の分割

Power Appsはノーコード・ローコードでアプリが作成できるとはいえ、PCの画面と比較してスマートフォンの画面は広くありません。そのためデータソースから自動生成されるアプリは、解説のように複数の画面で"機能としての役割"を分担しています。このような考え方は、皆さんが独自のアプリを作成する際にも活用できるポイントになります。1つの画面に機能を盛り沢山にしてしまうと、利用者としても混乱する可能性が高くなります。

例えば、画面のなかにボタンが100個並んでいたらどうでしょう？　一覧の

機能と、新規作成・編集の機能が1画面にギュッと詰まっていたら……？　考えただけでも使いにくいですよね。

"機能や役割で画面をわける"という発想を、自動生成されるアプリから学ぶことができます。今後、皆さんが自分自身のアプリを作成する際に「作ってみたけど、ちょっと使いづらい。どうしたらいいんだろう？」と迷ったときは、この自動生成されるアプリを見直してみるとヒントが見つかるかもしれません。

▶ スクリーンに含まれるコントロールの確認

各スクリーンに追加されている一覧などのコントロールは［ツリービュー］で［>］をクリックすることで展開することができます。［BrowseScreen1］に含まれているコントロールの一覧を確認してみましょう。

図1.36　コントロールの一覧を確認

序章

第1章

第2章

第3章

第4章

第5章

PowerAppsで何か作ってみる〜はじめてのアプリ〜

　コントロールを選択する方法を身に付けたら、続けて主要な関数を把握していきましょう。自動生成されるアプリには紹介する関数以外にも仕掛けが施されています。でも、いきなり全部覚えるのは大変ですよね？　まずは業務アプリを作成する際に利用する可能性が高い関数から学んでいきましょう。

▶ 画面の遷移（Navigate関数）

　アプリを実行した際の画面遷移は図1.37のようになっています。序章で紹介したテスト実行などで、アプリを起動した状態で動作をご確認ください。

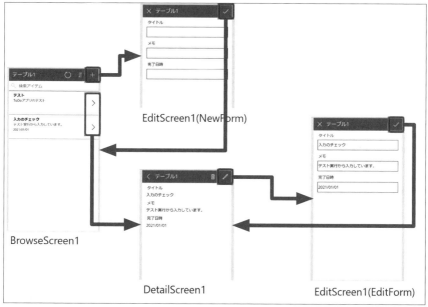

図1.37　画面遷移

　画面左側のツリービューで設定変更したい対象をクリックすると、画面中央のデザインスペースで該当のコントロールが選択状態になります。デザインスペースでコントロールをクリックした場合、そのコントロールがツリービュー上でも選択された状態となります。小さな部品や重なりあって選択しづらい場合は、ツリービュー上で選択する手順も覚えておくと便利です。

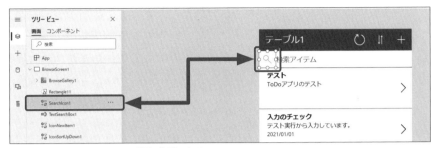

図1.38　該当のコントロールが選択状態になる

　ツリービュー上で［BrowseScreen1］に含まれている［BrowseGallery1］
をクリックしてください。

図1.39　［BrowseGallery1］をクリック

　図1.39の①の箇所に、選択しているコントロールの「プロパティ」が表示
されます。①のドロップダウンを切り替えることにより、選択しているコン
トロールのプロパティを切り替えられます。②の箇所は「数式バー」という
欄で、①で選択しているプロパティに対して値や関数を設定する箇所です。
例えば、一覧の項目をクリックしたら画面を切り替える動作を実現する際は、
②の数式バーに関数を追加して実現します。
　改めて［BrowseGallery1］のOnSelectプロパティを確認してみましょう。

表1.5 BrowseGallery1プロパティ

コントロール	BrowseGallery1
プロパティ	OnSelect
数式バー	Navigate(DetailScreen1, ScreenTransition.None)

画面の遷移は**Navigate関数**を利用して実現していることがわかります。決められた手順で数式バーに関数を記述することで、画面遷移やデータ登録などの処理をアプリに命令し、動作させることができる仕組みです。画面遷移を命令するNavigate関数は以下のルールで記載する必要があります。

● 構文

Navigate(遷移したいScreen名 [, 画面切り替え効果, [, 次の画面へ引き渡す変数]])

関数の"定められた記述ルール"を**"構文"**と呼びます。関数の括弧内で指定する要素を**"引数"**と呼びます。構文で**"["**と**"]"**で囲まれている引数は**"任意の引数"**というモノで、省略しても命令としては問題ない箇所になります。任意の引数を省略した場合は、その関数の既定値が自動的に指定されます。

"遷移したいScreen名"は引数の1つ目なので"第1引数"、2つ目の"画面切り替え効果"を"第2引数"と表現します。仮に3つ目の引数がある場合は"第3引数"と、順番に番号が増えていきます。関数によって、引数を省略できるパターンも異なります。構文が間違っている＝命令が間違っている、となります。命令が間違っているとアプリは正しく動作しないのでご注意ください。少しずつ関数を紹介していきますので、一緒に学んでいきましょう。

BrowseGallery1をクリックした際は［DetailScreen1］へ画面遷移する関数（＝命令）が設定されていました。では、DetailScreen1から戻る処理も確認してみましょう。ツリービュー上でDetailScreen1の配下にある［Icon-Backarrow1］をクリックします。

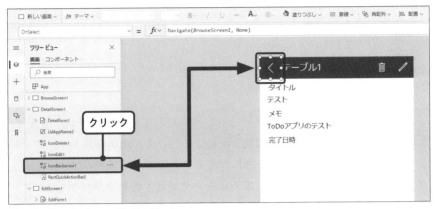

図1.40　[IconBackarrow1] をクリック

表1.6　IconBackarrow1のプロパティ

コントロール	IconBackarrow1
プロパティ	OnSelect
数式バー	Navigate(BrowseScreen1, ScreenTransition.None)

DetailScreen1からBrowseScreen1へ戻る画面遷移もNavigate関数が利用されています。

Navigate関数の第2引数は**ScreenTransition列挙体**で画面遷移時の切り替え効果を変更できます。例えば［ScreenTransition.Cover］へ変更すると、現在の画面を覆うようにスライドして右から左に遷移先の画面が表示されます。なお、数式バーを選択していない状態では"ScreenTransition"の部分が省略されて"None"など列挙体の値のみが表示されます。

表1.7　ScreenTransition列挙体

ScreenTransition.Cover	新しい画面が現在の画面を覆うように右から左にスライドして表示されます。
ScreenTransition.CoverRight	新しい画面が現在の画面を覆うように左から右にスライドします。
ScreenTransition.Fade	現在画面がフェードアウトし、新しい画面が表示されます。
ScreenTransition.None	新しい画面は現在の画面を素早く置き換えます。
ScreenTransition.UnCover	現在の画面が右から左にスライドして表示され、新しい画面が表示されます。

▶ データソースの再読み込み（Refresh関数）

アプリによっては、利用者が自由に最新のデータを再読み込みして更新したい場面があります。その場合に利用する処理も、自動生成されたアプリには搭載されています。［BrowseScreen1］の［IconRefresh1］をクリックしてください。

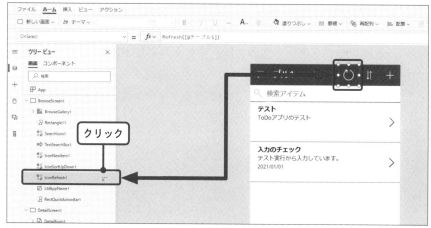

図1.41　［IconRefresh1］をクリック

Refresh関数の引数で指定されたデータソースが再読み込みされます。

表1.8　IconRefresh1のプロパティ

コントロール	IconRefresh1
プロパティ	OnSelect
数式バー	Refresh([@テーブル1])

構文は以下です。

- 構文

Refresh(データソース)

複数人で利用するアプリの場合、他人がデータを変更している可能性があります。Power Appsではデータソースを自動で再読み込みする機能は提供されていません。任意のタイミングで最新の情報を取得できるように配慮しておく必要があります。

▶ データソースの確認方法

Refresh関数でデータソースの名前を指定する必要がありました。現在のアプリがどんなデータソースを使っているかを確認する方法も把握しておきましょう。画面左側にあるドラム缶のようなアイコンをクリックします。

図1.42　ドラム缶のようなアイコンをクリック

ツリービューの表示が［データ］に切り替わり、現在のアプリで利用可能なデータソースが確認できます。複数のデータソースを利用している場合は、この箇所に一覧で表示されます。

　データソースの右端にある［…］をクリックすると、更新や削除が可能です。不要なデータソースが含まれている場合は、ここから削除できます。

図1.43　［…］をクリック

▶ 新規作成モード（NewForm関数）

　業務アプリに欠かせないデータの登録について学びましょう。自動生成されたアプリでは、データの新規登録に「編集フォームコントロール」を利用しています。［EditScreen1］の［EditForm1］をクリックしてください。EditScreen1のフォームコントロールが選択状態になります。

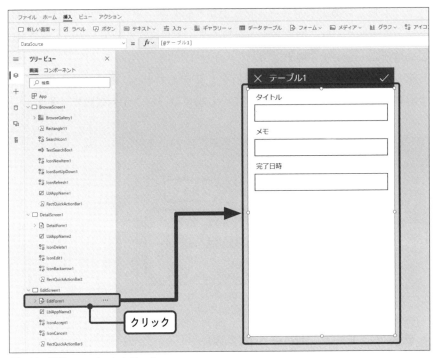

図1.44　編集フォームコントロール

　画面右側のプロパティ画面を確認します。［データソース］プロパティに
"テーブル1"が指定されていることが確認できます。フォームコントロール
はデータの新規登録やデータ更新の処理を実施する対象を、この［データソ
ース］プロパティで指定しています。

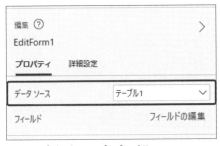

図1.45　［データソース］プロパティ

　ここで思い出してください。[EditScreen1] は1つのScreenにもかかわらず、遷移する前の画面によって新規登録と更新が自動的に切り替わっていました。その秘密を解き明かしましょう。

　ツリービューで [BrowseScreen1] の [IconNewItem1] をクリックして数式バーを確認します。

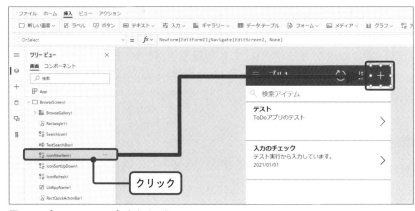

図1.46　[IconNewItem1] をクリック

　今まで紹介してきた関数の内容とちょっと違った印象ですよね。

表1.9　IconNewItem1プロパティ

コントロール	IconNewItem1
プロパティ	OnSelect
数式バー	NewForm(EditForm1); Navigate(EditScreen1, ScreenTransition.None)

　セミコロン（;）が数式バーに登場した場合は、その前後でわけて考えると把握しやすいです。

```
セミコロンの前半：NewForm(EditForm1)
セミコロンの後半：Navigate(EditScreen1, ScreenTransition.None)
```

後半は先ほど学んだNavigate関数です。前半はNewForm関数です。New-Form関数は引数で指定したフォームコントロールを新規作成モード（Form-Mode.New）に変更する命令です。

● 構文
NewForm(編集フォームコントロールの名前)

セミコロン（;）は関数の終わりを意味します。複数の関数を順番に処理させたい場合の区切り文字としても利用します。つまり、上記の関数は"EditForm1を新規作成モードに変更して、EditScreen1へ遷移する"という2つの処理が順番に実行される、となります。

▶ 編集モード（EditForm関数）
新規作成モードで遷移する方法を把握できました。次は、更新の場合を確認しましょう。[DetailScreen1] の [IconEdit1] をクリックします。

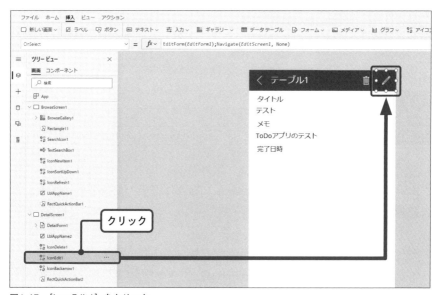

図1.47　[IconEdit1] をクリック

表1.10 IconEdit1プロパティ

コントロール	IconEdit1
プロパティ	OnSelect
数式バー	EditForm(EditForm1); Navigate(EditScreen1, ScreenTransition.None)

新規作成の関数とそっくりですよね。異なるのはNewForm関数ではなく、EditForm関数になっている点のみです。EditForm関数は引数で指定したフォームコントロールを編集モード（FormMode.Edit）へ変更する命令です。

● 構文

EditForm(編集フォームコントロールの名前)

セミコロン（;）は、複数の関数を順番に処理させたい場合に利用する区切り文字でしたね。つまり、今回の関数は"EditForm1を編集モードに変更して、EditScreen1へ遷移する"という2つの処理が順番に実行される、となります。

遷移する先は［EditScreen1］で統一されていました。このように、編集フォームコントロールとNewForm関数、EditForm関数を組み合わせることで、遷移する前に「新規作成モードか？　または、編集モードか？」を切り替えていた、ということがわかりました。

▶ データ登録・編集を確定する（SubmitForm関数）

続いて、編集フォームコントロールで新規作成・編集モードで入力したデータを、データソースへ反映している処理を確認しましょう。［EditScreen1］の［IconAccept1］をクリックします。

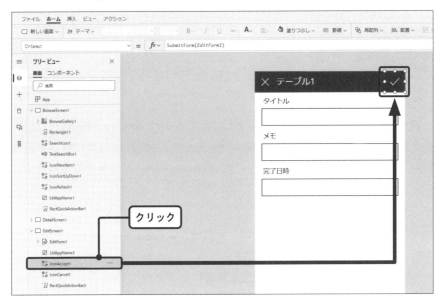

図1.48 ［IconAccept1］をクリック

SubmitForm関数でデータソースへの反映を実施しています。

表1.11 IconAccept1プロパティ

コントロール	IconAccept1
プロパティ	OnSelect
数式バー	SubmitForm(EditForm1)

● 構文

SubmitForm(編集フォームコントロールの名前)

　編集フォームコントロールが新規作成モードの場合は、データソースへ新規登録されます。編集モードの場合は、編集フォームコントロールに表示されていた該当データが更新されます。このSubmitForm関数が実行されるまで、入力したデータはデータソースへ反映されません。

▶ フォームコントロールをリセットする（ResetForm関数）

ResetForm関数は、フォームコントロールの内容を初期値にリセットします。［EditScreen1］の［IconCancel1］で使われています。

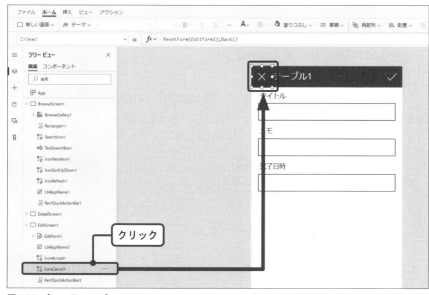

図1.49　［IconCancel1］

表1.12　IconCancel1プロパティ

コントロール	IconCancel1
プロパティ	OnSelect
数式バー	ResetForm(EditForm1); Back()

●構文

ResetForm(編集フォームコントロールの名前)

セミコロン（;）は関数を連続させる際に区切る、でした。つまり、ResetForm関数でフォームコントロールを初期化した後で、Back関数を実行します。あれ？　また新しい関数ですね。この後で説明します。

▶前のScreenへ戻る（Back関数）

Back関数は直前のScreen（画面）に戻る命令です。Navigate関数では遷移する先のScreen名を指定する必要がありましたが、Back関数は自動的に1つ前の画面に戻るため、遷移先を指定する必要がありません。

● 構文

Back([画面切り替え効果])

引数はNavigate関数と同様に任意で**ScreenTransition列挙体**を指定できます。特別な理由がない場合は"Back()"だけで問題ないでしょう。

▶データの削除（Remove関数）

間違って確定したデータや、必要がなくなったデータを削除する業務もあります。データソースから該当のデータを削除する関数が**Remove関数**です。［DetailScreen1］の［IconDelete1］をクリックします。

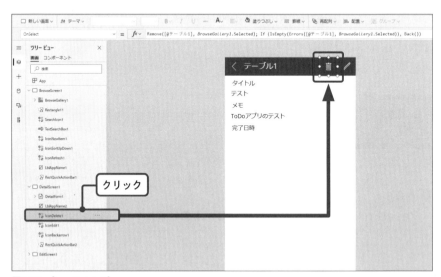

図1.50　［IconDelete1］

今までよりも長い命令が書き込まれていますね。1つずつ処理していけば難しくはありません。一緒に分解して解き明かしていきましょう。

表1.13　IconDelete1プロパティ

コントロール	IconDelete1
プロパティ	OnSelect
数式バー	Remove([@テーブル1], BrowseGallery1.Selected); If (IsEmpty(Errors([@テーブル1], BrowseGallery1.Selected)), Back())

まず、セミコロン（;）の前後で分割します。

前半：Remove([@テーブル1], BrowseGallery1.Selected)
後半：If(IsEmpty(Errors([@テーブル1], BrowseGallery1. Selected)), Back())

前半が説明しようとしたRemove関数です。構文は以下です。

● 構文
Remove(データソース名,対象データ1 [, 対象データ2, …] [, All])

削除したいデータが保存されているデータソース名を第1引数に指定します。第2引数で削除したい対象のデータ（レコード）を指定します。第2引数までは必須です。任意の項目ですが、第3引数以降に連続して削除対象のデータを並べることで複数個の対象をまとめて削除できます。

引数の末尾に "All" を指定すると重複した該当データをすべて消してくれます。データソースに同じデータが複数存在する場合で、まとめて消したい場合は指定してください。

「任意の引数が複数あって、なんじゃこれ！？」って思いますよね。まずは以下のパターンを1つ覚えておけば、複雑な処理をする業務アプリでない限り困ることはないと思います。

● 1つのデータを削除したい場合
Remove(データソース名, 対象データ)

　自動生成されるアプリも上記同様に1つの対象を削除しています。"**BrowseGallery1.Selected**" とは一覧画面であるBrowseScreen1のギャラリーコントロールで選択された対象＝今まさに削除しようとしているデータ、になります。

　さて、セミコロン後半の関数を分解していきましょう。

▶ 条件分岐（If関数）とデータ存在テスト（IsEmpty関数）

　前述の後半部分は、関数が入れ子（複数の命令が重なり合っている）状態です。このような場合もセミコロンを基準に分解したように、重なり合った関数を1つずつ分解していきます。まずは、一番外側にあるIf関数です。

● 構文
If(条件, 条件がTrueの場合の処理 [, 条件が False の場合の処理])

　例えば、外出する際に雨が降っていたら傘をさしますよね？　雨が降ってなかったら、傘はささないか持って行かないハズ。そのような場合、条件式が "天気が雨か？" になり、天気が雨＝True、天気が晴れ＝Falseと表現できます。If関数で表現すると、以下になります。

● 天気が雨だったら傘をさす
If(天気が雨か？, 傘をさす, 傘をささない)

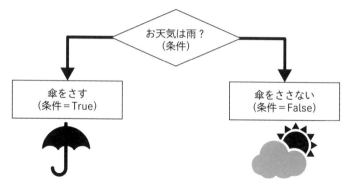

図1.51　お天気で条件分岐する

　第1引数が「どういう状態か？」を判定する条件式、第2引数で"その状態だったらどうするか？"、第3引数で"その状態ではなかったらどうするか？"です。なお、第3引数は省略することができます。改めて前回の関数を見直しましょう。

● 前回の後半

```
If(IsEmpty(Errors([@テーブル1], BrowseGallery1.
Selected)), Back())
```

　上記で下線を引いた、If関数の条件式の部分がTrueだったらBack()関数が発動する、ということが把握できました。では、さらに分解していきましょう。IsEmpty関数は、引数に指定している対象がデータを持っているか否か？を判定する命令です。

● 構文

IsEmpty(テーブル)

　"テーブル"という概念については、後述の章で説明しますので、現時点では"こんな構文なんだな"という理解で問題ありません。
　次に、IsEmpty関数で引数に指定されている**Errors関数**です。Errors関数はデータソースに対して追加、更新、削除の命令を実施した際にエラーが

発生していないか？　を判定するために利用します。

Errors(データソース名 [,対象データ])

第1引数のみ指定した場合は、該当のデータソース全体でエラーが発生していないか？をチェックします。第2引数を指定した場合、特定のデータのみをチェック対象にしてくれます。Errors関数はエラーが発生していた場合、その発生内容をテーブルで報告してくれます（また登場してきたテーブルですが、ピンとこない方も安心してください。まずは"こんな風なんだな"で十分です）。

データを削除するRemove関数を紹介しましたが、何らかの原因で削除が失敗することがあります。命令した処理が失敗していたら困りますよね？それをアプリ上で判定するために、このErrors関数を利用して"ちゃんと命令が実行されてますよね？"という確認をしています。

つまり、以下の部分は「もし（If）、テーブル1でエラーが発生していなければ（IsEmpty(Errors)）、前のScreenに戻る（Back）」という命令である、と把握できました。


```
If(IsEmpty(Errors([@テーブル1], BrowseGallery1.Selected)),
Back())
```


このように、複数の関数を組み合わせて業務で実現したい動作を表すことができます。複雑そうに見える数式バーの内容も、1つずつ分解して解析すれば恐れることはありません！

▶ **おさらい**

これまでの説明で、すでに業務アプリで頻繁に利用する関数を概ね学んだことになります。

表1.14 登場した関数

業務アプリで必要な動作＝アプリに命令したいコト	対応する関数
画面遷移する	Navigate関数
最新のデータを読み込む	Refresh関数
編集フォームコントロールで新規作成モード	NewForm関数
編集フォームコントロールで編集モード	EditForm関数
編集フォームコントロールで入力した内容を登録する	SubmitForm関数
編集フォームコントロールを初期化する	ResetForm関数
前のScreen（画面）へ戻る	Back関数
データを削除する	Remove関数
条件によって処理を分岐させる	If関数

　Power Appsには他にも便利な関数が用意されていますが、上記の関数だけでも"それなり"のアプリになる、ということです。この章の冒頭でもお伝えしましたが、著者はこの自動生成されるアプリは「Power Apps学びの宝庫」だと考えています。じっくりと解析してみてください。

column

数式バーにコメントを書く

　数式バーにメモ書きや補足をコメントすることができます。コメントは式として実行されません。

　式の先頭に"//"を書くことで、その1行がコメントになります。複数行をまとめてコメントしたい場合は"/*"を先頭に書いて、終了させたい箇所に"*/"を書きます。

・例
//ここがコメントになる。

/* ここがコメントになる。
　複数行の場合、ここもコメントになる。 */

4 データソースの特性と注意点

　ここまでは、Excelをデータソースにしたアプリで解説してきました。Excelファイルは手軽で便利ですが、業務アプリのデータソースとして複数名利用などに適さない場合もあります。その理由は……本編で紹介します。

ピンクの帯

　Jは、自動生成されるアプリを解析しながら、Power Appsの関数について調べて試して、を繰り返しています。すると、テスト実行した画面にピンクの帯が画面上部に表示されました。どうやら、なにかのエラーのようです！

　「なぜだ？　今まで動作してたのに……」「Power Appsの登録画面は何もしていないのに壊れた？」「そんなまさか……」

　眉間にしわを寄せながら落ち着いて画面に表示されたエラーメッセージをよく読みます。どうやら "書き込みができない" という警告のようです。「もしかして……」

　データが登録されるべきExcelファイルを確認しようと、該当の場所を開きます。「あ！　無いっ！」

　どうやら、何かの拍子にExcelファイルを消してしまったようです。OneDriveのごみ箱からファイルを復元して、再度アプリからデータ追加ができるか？をチェックしてみました。

　「お！　今度は上手く更新できた！　なるほどね！」「待てよ……。複数人で利用するアプリでExcelをデータソースにするのはもしかいてヤバい

序章

第1章

第2章

第3章

第4章

第5章

Power Appsで何か作ってみる〜はじめてのアプリ〜

んじゃないか」

　Jは何かに気づいたようです。

▶ Excelファイルをデータソースにする場合の注意点

　ファイルサーバー上にあるExcelファイルを複数人で更新しているような
場合、誰かが誤ってファイルを削除してしまった……という経験がある方も
いるでしょう。Power AppsでExcelファイルのテーブルをデータソースに
利用した場合、ファイル名の変更や格納場所の移動は問題ないのですが、フ
ァイル自体が削除されるとPower Appsアプリから書き込みができなくなっ
てしまいます。そりゃ、そうですよね。

図1.52　Power Appsアプリから書き込みができない

　部署やチームなど複数のユーザーが同時並行でExcelファイルを利用する
場合は、上記のように "運用しているなかでうっかりデータソースのExcel
ファイルを消しちゃった！" といった状況が発生するかもしれません。これ
では困りますよね？

　そのため、複数名が利用する業務アプリを作成する際は、Excelのように
簡単に移動や削除ができてしまうデータソースの利用は著者の我々としては
おススメできません。アプリ作成者のみ設定が変更できるような権限管理が
可能な別のデータソースを利用することを推奨します。

　じゃぁ、そのデータソースは何がいいのか？　この後に説明します。

5 主要なデータソース

Excelファイルをデータソースにする際の課題は把握できました。では、主人公が求めている業務アプリに適したデータソースは他にあるのでしょうか……。あらためて、データソースに焦点を当ててみましょう。

SharePoint Online

Excelファイルをデータソースに利用するのは、誤操作によるファイル削除などの懸念があるため、今回作りたいアプリには適さないことがわかりました。解決したい課題は「紙に手書きをしている残業申請の煩わしさ」です。会社全体で利用することを考えると、社員の複数名が利用することになります。誰かが誤って削除してしまったら全員が書き込めないので困ってしまいます。

「Excelは"うっかり消しちゃいました"事件が発生しそうだから怖いな。他のデータソースだったら大丈夫なのかなぁ。そもそも、データソースとして利用できる種類はなんだろう？」

ブラウザーの画面をじっくり眺めると「データから開始」の項目に"SharePoint"、"Excel Online"、"SQL Server"、"Dataverse"の4つが表示されていることに気づきました。

社内ポータルを担当していたJはSharePoint Onlineについての知識はありますし、Excelは先ほど試しています。

「SQL Serverは聞いたことあるな、確かデータベースでライセンスが必要なヤツだ」「Dataverseってなんだ？」

調べてみるとCommon Data Service（略称"CDS"）という名称で以前は提供されていたものがMicrosoft Dataverseという名称に変更になったことがわかりました。そして、Power Appsの有償ライセンスを契約しないと利用できないことも……。

SQL ServerもMicrosoft Dataverseも追加ライセンスが必要なようです。ライセンスの追加なんて現状では予算が通りそうもありません。Jは、SharePointをデータソースにできないか試すことを決意しました。

さっそく、SharePoint Onlineサイトを新規作成しカスタムリストを追

序章

第1章

第2章

第3章

第4章

第5章

Power Appsで何か作ってみる〜はじめてのアプリ〜

加していきます。リストを作り終えたところで、ふと目に入ったものがあります。

「カスタムリストの画面に"Power Apps"ってメニューがあるんだよな。もしかして……」

まさか、と思いクリックして画面の指示に従った結果……。1分もかからずにExcelデータソースと同じようなアプリが自動生成されました。

「これは……すごいぞ」

▶4つのデータソース

物語パートで登場した4つのデータソースに関して補足をしておきます。なお、基本的にクラウド上に存在する場合を前提とした解説となります。

図1.53の画面のように、Power Appsホームページの［ホーム］にある［データから開始］に表示されている4つが、業務アプリで利用される頻度が高いデータソースになります。

図1.53　データから開始

簡単ではありますが、次ページの表1.15で、4つのデータソースについて紹介しておきます。

なお、有償ライセンスが必要な種類も表示されています。実際の業務アプリを作成する際は、皆さんが利用可能なライセンスを把握したうえで選択してください。

表1.15　データソースの種類

画面上の表記	解説
SharePoint	Microsoft 365上で利用する場合は、基本的にSharePoint Onlineのカスタムリストを指します。Power Apps for 365ライセンスの範囲で追加コスト無しで利用が可能です。
Excel Online	OneDrive for Business上に保存したExcelをデータソースに指定する場合の選択肢です。Power Apps for 365ライセンスの範囲で追加コスト無しで利用が可能です。
SQL Server	Azure上に作成できるSQL Databaseのテーブルをデータソースに指定する場合の選択肢です。Premiumコネクターが必要となるため、有償ライセンスが基本的に必要となります。
Dataverse	2020年11月に「Common Data Service（略称"CDS"）」から「Microsoft Dataverse」の名称に変更となりました。基本的に有償ライセンスが有効な場合のみ作成・利用が可能なサービスになります。

　"オンプレミス"とは、クラウドではない社内サーバーやデータセンターで稼働している機器やシステムのことを指す言葉です。そのようなオンプレミス環境のSharePoint ServerやSQL ServerへPower Appsから接続することも可能です。非クラウドであるオンプレミス環境にアプローチするには、オンプレミスゲートウェイという仕組みを利用することになります。有償ライセンスが必要になりますのでご注意ください。

　なお、上記4つ以外にもデータソースとして指定できる対象は数多くあります。例えば、Twitterをデータソースとしたアプリを作成することも可能です。本書では詳しく取り扱うスペースがございませんので気になる方は公式サイト等でご確認ください。

SharePoint OnlineのカスタムリストからPower Appsアプリを自動生成する

　SharePoint OnlineカスタムリストからPower Appsアプリを自動生成する手順を確認してみましょう。

▶SharePoint Onlineサイトの作成

　データソースとして利用するカスタムリストを作成するために、SharePoint Onlineのサイトを作成します。すでに利用できるサイトを作成

済みの方は、次の手順へ進んでください。

①Microsoft 365のサインイン画
　面（https://portal.office.
　com/）で自分のID、パスワー
　ドでサインインしてください。
　※すでにサインイン済みの場
　　合はスキップされます。

②Microsoft 365ホームページが
　表示されるので、アプリから
　［SharePoint］をクリックしま
　す。

図1.54　アプリから［SharePoint］をクリック

③新しいタブで開いたページで［サイトの作成］をクリックします。
　※この画面で［サイトの作成］が表示されていない場合、全体管理
　　者で禁止されている可能性があります。システム管理者へご相談
　　ください。

図1.55　［サイトの作成］をクリック

序章
第1章
第2章
第3章
第4章
第5章
PowerAppsで何か作ってみる〜はじめてのアプリ〜

④［新しいサイトの作成］で［チームサイト］をクリックします。

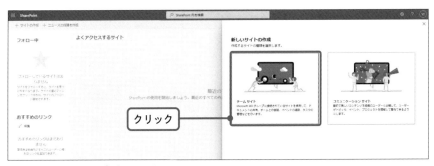

図1.56　［チームサイト］をクリック

⑤サイト作成に必要な項目を入力して［次へ］をクリックします。

図1.57　必要な項目を入力して［次へ］をクリック

この章では、以下の設定で作成しています。サイトの情報は任意の値でも問題ありません。

表1.16　設定の例

項目	設定値
サイト名	Practiceサイト
グループメールアドレス	Practice
サイトアドレス	Practice
サイトの説明	Power Appsの練習用です。
プライバシーの設定	プライベート
言語の選択	日本語

⑥切り替わった画面で［完了］をクリックします。

図1.58　［完了］をクリック

上記の画面でサイトを一緒に利用する社員などを追加することができます。今回はメンバーの追加は割愛しています。

序章
第1章
第2章
第3章
第4章
第5章
Power Appsで何か作ってみる〜はじめてのアプリ〜

⑦作成したサイトが表示されれば成功です。

図1.59　作成したサイトが表示される

　ちなみに、サイトの設定によっては登録日時などの日付が日本時間ではない場合があります。その際は以下のURLを参考に、サイトの設定（右上の歯車アイコン）から遷移できる設定画面で［タイムゾーン］を"(UTC+09:00)大阪、札幌、東京"へ変更することで日本時間にすることができます。

- サイトの地域設定の変更
  https://support.microsoft.com/ja-jp/office/サイトの地域設定の変更-e9e189c7-16e3-45d3-a090-770be6e83c1a

▶カスタムリストを追加する
準備したサイトにデータソースとして利用するカスタムリストを追加します。

①準備したサイトのホーム画面で、［新規］→［リスト］の順にクリックします。

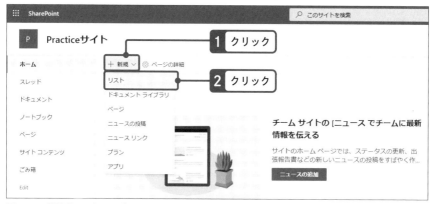

図1.60 ［新規］→［リスト］

②［空白のリスト］を選択します。

図1.61 ［空白のリスト］を選択

③作成するカスタムリストの設定を入力し［作成］ボタンをクリック
します。

序章

第1章

第2章

第3章

第4章

第5章

Power Appsで何か作ってみる〜はじめてのアプリ〜

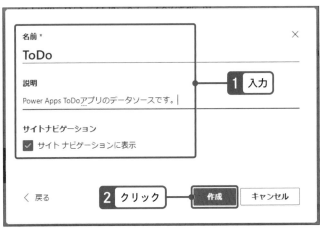

図1.62　設定を入力

表1.17　設定項目と内容

項目	設定値
名前	ToDo
説明	Power Apps ToDoアプリのデータソースです。
サイトナビゲーションに表示	チェック

④作成したリストが表示されたら成功です。

図1.63　リストが表示された

▶カスタムリストへ列を追加する

　カスタムリストが準備できたら、次は列を作成していきます。なお、SharePointのカスタムリストは必ず［タイトル］という列が自動で作成されます。しかも、削除することができません。今回の例では、タイトルはそのまま活用していきます。

　ToDoアプリで利用する列は以下になります。

表1.18　ToDoアプリで利用する列

列の名前	種類
タイトル	1行テキスト（デフォルトのまま利用）
Memo	複数行テキスト
Date	日付と時刻

　①カスタムリストの画面で、［列の追加］→［複数行テキスト］の順番にクリックします。

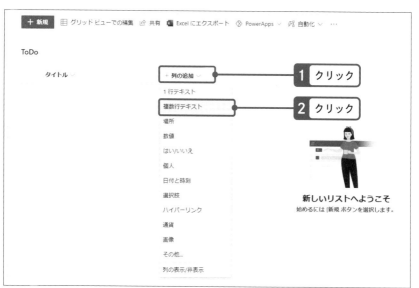

図1.64　［列の追加］→［複数行テキスト］

②列の作成画面で必要な項目を入力し［保存］ボタンをクリックします。

図1.65　列の作成

表1.19　必要な項目

項目	設定値
名前	Memo
説明	ToDoのメモです。
種類	複数行テキスト
規定値	(空白)
計算済みの値を使用	チェックしない

③さらに［列の追加］→［日付と時刻］の順に選択します。

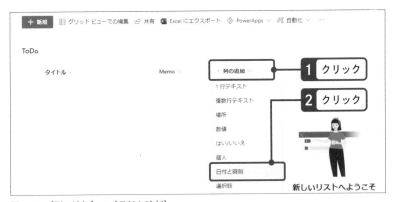

図1.66　［列の追加］→［日付と時刻］

④列の作成画面で必要な項目を入力し［保存］ボタンをクリックします。

列の作成 ×

列の作成についての詳細を確認してください。

名前 *

Date

説明

種類

日付と時刻 ∨

時間を含める

● いいえ

わかりやすい形式

● いいえ

既定値

なし ∨

☐ 計算済みの値を使用 ⓘ

その他のオプション ∨

1 入力

2 クリック

保存　キャンセル

図1.67　列の作成

表1.20　必要な項目

項目	設定値
名前	Date
説明	ToDoのメモです。
種類	日付と時刻
既定値	(空白)
計算済みの値を使用	チェックしない

column

［タイトル］列

　SharePointサイトのカスタムリスト、自動で作成される［タイトル］列。自動で必須入力になっていて、しかも削除ができません。作成したいアプリのデータソースでカスタムリストを利用する場合、ちょっと邪魔になることもあるでしょう。

　ToDoアプリのようにテキスト情報を格納する列として、そのまま流用すると無駄にならずに済みます。自分でアプリを作成する際に、この［タイトル］列が邪魔に感じたら、作成するデータ構造で流用できるものがないか？を考えてみるとよいでしょう。

▶ カスタムリストへデータを登録する

　ToDoアプリ用のカスタムリストが準備できました。試しにデータを入力してみましょう。

　①カスタムリストの画面で［新規］ボタンをクリックします。

図1.68　［新規］ボタンをクリック

　②新しいアイテム画面でデータを入力して［保存］をクリックします。

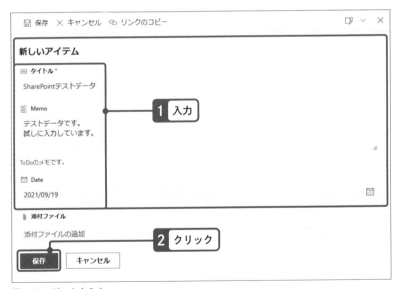

図1.69　データを入力

入力する内容はお好きな情報でかまいません。今回は以下のようなデータ
を入力しています。

表1.21　入力する内容

項目	設定値
タイトル	SharePointテストデータ
Memo	テストデータです。 試しに入力しています。
Date	2021/09/19
添付ファイル	なし

　③データがカスタムリストの画面に表示されれば成功です。

図1.70　データがカスタムリストの画面に表示された

　これでデータソースの準備が整いました。Power Appsのアプリを自動生
成しましょう。

▶ SharePoint Onlineのカスタムリストからアプリ自動生成をする

お待ちかねのPower Appsアプリ自動生成です。

　①カスタムリストのメニューから、[統合]→[PowerApps]→[ア
　　プリの作成]の順番にクリックします。

序章
第1章
第2章
第3章
第4章
第5章
Power Appsで何か作ってみる〜はじめてのアプリ〜

図1.71 ［PowerApps］→［アプリの作成］

②アプリの作成画面でアプリの名前を入力して、［作成］ボタンをクリ
ックします。

※例では"SPOから自動生成アプリ"という名前にしています。

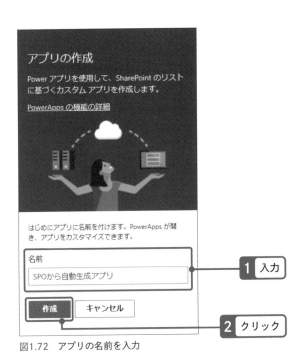

図1.72 アプリの名前を入力

③Power Appsアプリが自動生成
　されるので、しばらく待ちま
　す。
　※操作の途中でサインインを
　　求められる場合があります。
　　その際は、現在のユーザー
　　で再度サインインを実施し
　　てください。

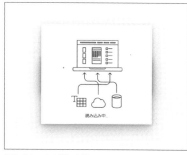

図1.73　しばらく待つ

④Power Apps Studioの画面が表示されれば成功です。

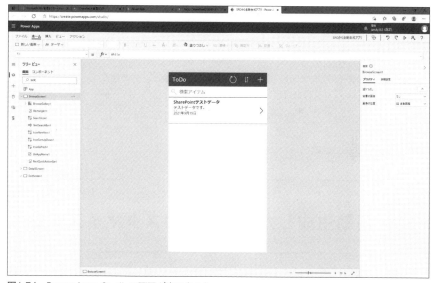

図1.74　Power Apps Studioの画面が表示された

Excelから自動生成した場合と同様、SharePointのカスタムリストからもアプリの自動生成が実施できました。自動生成されるアプリは、データソースが異なるだけで基本的な構造は同じものが作成されます。

Power Appsでフォームのカスタマイズ

カスタムリストのメニューで［PowerApps］→［フォームのカスタマイズ］の順に選択すると、登録画面や編集画面をPower Appsでカスタマイズしたものに置き換えることができます。

ページの都合で本書では詳しく取り扱うことがかないませんでしたが、興味のある方はぜひ試してください。基本的には本書で紹介する関数やコントロールを組み合わせて入力・編集画面をカスタマイズ可能です。

6 自動生成したアプリをカスタマイズする

便利な自動生成機能ですが、システムによる自動処理のためアプリ作成者である皆さんの思った通りではない可能性もあります。そのような「ココはそうじゃない！」に対処していきましょう。

修正したい

　SharePoint Onlineのカスタムリストから自動生成したアプリがJの目の前にあります。さっそく解析し始めます。

　「3種類の画面が自動生成されるのは、Excelの場合とおんなじなんだなぁ。テスト実行をして一っと、まずは新規作成画面をみてようかな」

　画面を切り替えたJですが、ふと手が止まりました。

　「あれ？　添付ファイルなんてある。こんなの要らないんだよな。そういえば一覧画面で表示されてたToDoのメッセージも見切れちゃってたなぁ。修正したい！」

　どんなに便利な仕組みでも、人間の目からみたら若干違和感のある部分や、システム的に自動で処理されてしまう箇所があることに気づいたJは、カスタマイズに挑戦することにしました。

カスタマイズして利便性を向上

　業務アプリでよくある「一覧」「詳細」「新規作成・編集」機能であれば、自動生成されるアプリで事足りる可能性が高いことを実感いただけているかと思います。しかし、見た目や細かな点が不便な状況で提供されてくることもあります。そのような場合は、アプリを独自にカスタマイズして利便性を向上させてしまいましょう。

一覧表示の見た目をカスタマイズする

　カスタムリストから自動生成されたアプリの［BrowseGallery1］をみると、Memoに登録しておいた文字列が見切れていることがわかります。この部分を修正します。

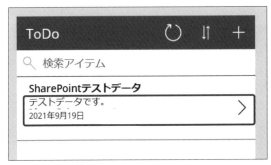

図1.75 文字列が見切れている

▶ カスタマイズ手順

一覧の表示を少し変更してみましょう。

① [BrowseGallery1] 配下の [Subtitle1] をクリックします。

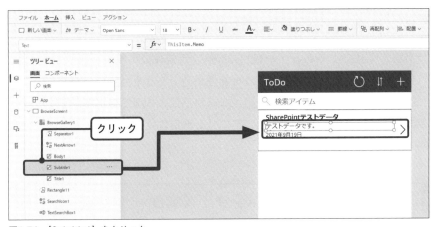

図1.76 [Subtitle1] をクリック

②コントロールの周囲に青い丸（○）が表示されるので、コントロール下部にある丸（○）を下方向へドラッグして高さを変更します。

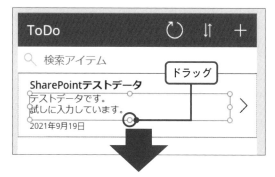

図1.77　高さを広げる

　このように、コントロールの幅や高さをドラッグすることで変更すること
ができます。また、青い丸の部分ではなく、コントロール自体をドラッグす
ることで位置の変更をすることも可能です。

入力・編集フォームをカスタマイズする

　［EditScreen1］で、［添付ファイル］の項目が表示されています。ToDoア
プリには不要なので削除します。
　編集フォームコントロールで、自動的に追加されている不要な項目を削除
してみましょう。なお、フォームコントロールでは不要な項目を削除する方
法が2つあります。順番に説明します。

▶コントロール自体を削除する

　1つ目の方法は、コントロール自体を削除する方法です。ツリービュー上
で削除したいコントロールを選択してDeleteキーを押すか、三点リーダー
（…）をクリックして［削除］をクリックすると、対象のコントロールを削
除することが可能です。

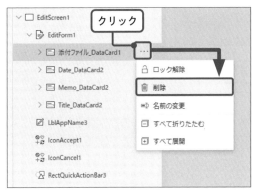

図1.78　コントロール自体を削除する

Deleteキーや削除を選択するこの方法は、フォームコントロールに限らず、すべてのコントロールで実施できます。なお、誤って削除してしまった場合はCtrl＋zで戻すことができます。ただし、画面を閉じてしまった場合は取り戻すことができませんのでご注意ください。

▶ フィールドの編集を利用する

2つ目の方法は、フォームコントロールがデータソースと連携している機能を利用する方法です。そのため、すべてのコントロールで利用できるテクニックではありません。

　① ［EditScreen1］の［EditForm1］を選択してください。右側のプロパティが切り替わります。

図1.79 ［EditForm1］のプロパティ

序章

第1章

第2章

第3章

第4章

第5章

Power Appsで何か作ってみる〜はじめてのアプリ〜

② ［フィールドの編集］をクリックします。フィールドという領域が
表示されます。

　クリックした箇所の上に表示されている ［データソース］ が、選択したフォームコントロールが参照しているデータソース名になります。そして ［フィールド］ がデータソースに準備した列のことを指しています。ToDoカスタムリストを作成した際に追加した2つの列と、デフォルトで準備されるタイトル列（画面上はTitleと英語表記）が確認できますね。

　添付ファイルが追加されているのには理由があります。SharePoint Onlineのカスタムリストは、標準機能として添付ファイルを取り扱うことができるのです。Power Appsがアプリを自動生成する際に、添付ファイルを取り扱える点を把握して「表示されてなかったかもしれないけど、添付ファイルも処理できるように作っておいたよ」と処理してくれているんです。

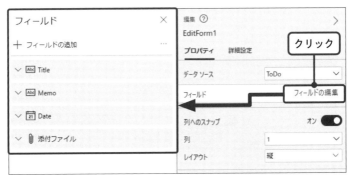

図1.80　フィールド

③添付ファイルの右端にある三点リーダー（…）をクリックし、［削除］
　の順番でクリックします。

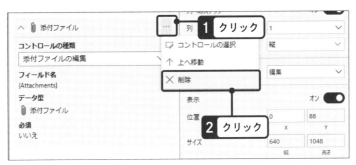

図1.81　添付ファイルを削除

　なお、このフィールドの領域は、不要な項目を削除するだけでなく、ドラッグ＆ドロップすることで項目の順番を入れ替えたり、フォームコントロール上に現在表示されていない列（フィールド）を追加することが可能です。これ以降の章で、もっと業務に近いアプリを作成しながら紹介していく予定なので、この章ではここまでの説明でとどめておきます。

▶ 起動画面を追加する（画面の新規追加）

　自動生成アプリに起動画面を追加することで、一気に "それっぽいアプリ" になります。新しい画面やコントロールの追加をして "それっぽく" してみましょう。

　① ［ホーム］メニューで、［新しい画面］→［空］の順番にクリックします。

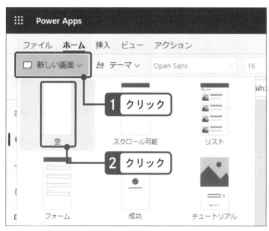

図1.82　［新しい画面］→［空］

②新しいScreenが追加されます。

図1.83　新しいScreenが追加された

③追加された［Screen1］の三点リーダー（…）→[上へ移動]の順にク
リックします。この手順を繰り返して［Screen1］をツリービュー
の一番上まで移動させます。

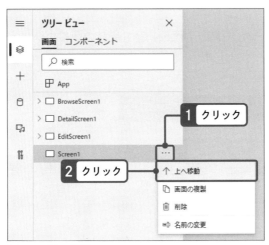

図1.84　[上へ移動]

④［挿入］メニューから［ラベル］をクリックして［Screen1］へラ
ベルコントロールを追加します。

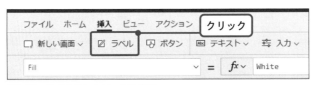

図1.85　ラベルコントロールを追加

⑤追加されたラベルコントロールを、タイトルっぽくみえる場所へド
ラッグで移動します。続けて、プロパティを変更して"さらにソレっ
ぽく"しましょう。

図1.86　ドラッグで移動しプロパティを変更

表1.22　変更するプロパティ

項目	設定値
テキスト	初めてのPower Apps
フォントサイズ	30
テキストのアラインメント	左右中央揃え

⑥［挿入］メニューから［ボタン］をクリックして［Screen1］へボタンコントロールを追加します。

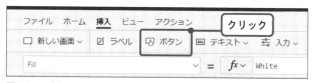

図1.87　ボタンコントロールを追加

⑦追加したボタンコントロールを、画面の下部へドラッグして移動させます。

序章
第1章
第2章
第3章
第4章
第5章

Power Appsで何か作ってみる〜はじめてのアプリ〜

図1.88 下部へドラッグして移動

⑧追加したボタンコントロールを選択した状態で、[OnSelect] プロパティに画面遷移する関数を設定します。

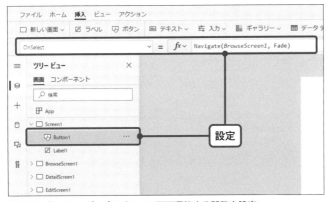

図1.89 [OnSelect] プロパティに画面遷移する関数を設定

表1.23 設定する関数

コントロール	Button1
プロパティ	OnSelect
数式バー	Navigate(BrowseScreen1, ScreenTransition.Fade)

画面遷移する命令はNavigate関数でしたね。これで、アプリを実行してみましょう。いままでは一覧画面から開始されていたアプリが、自作した起動画面から実行されるようになりました。

Power Appsは、ツリービューで一番上に配置されたScreenから必ず開始されます。そのため、起動画面のように最初に見せたい画面を一番上に配置するようにしてください。

もう1つのコントロール追加方法

前述ではPower Apps Studioのメニューからコントロールを追加しました。実は、もう1つコントロールを追加する方法があります。※どちらで操作しても結果は同じです

画面左端にある[+]のマークをクリックすると、ツリービューが"挿入"に切り替わります。

この"挿入"に表示されているメニューからコントロールをクリックしても画面へ追加することが可能です。ご自分が操作しやすい方法で実施してください。

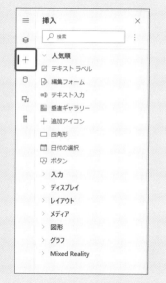

次の章から、実際に業務アプリの作成を紹介しながらフォームコントロールのさらなる操作などを順番に説明していきますのでお楽しみに！

おっと、その前に、せっかくカスタマイズしたアプリを保存し忘れないようにご注意くださいね。

第2章

Power Appsで業務効率化
～残業申請編～

　主人公は、Power Appsを利用した業務改善に着手します。おおまかな設計を実施し、残業申請アプリから対応していきます。

1 アプリを作成する前に

　そろそろ本格的に業務で利用するアプリを作ろうと考えているようです。「さぁアプリ作るぞ！」といきなりアプリ作成を始めるのは、あまりおススメしません。では、どうしたらよいでしょうか。主人公と一緒に確認してみましょう。

新しい気づき

　Power Apps自動生成アプリを解析して、Jは自分でもアプリが作れる自信が出てきました。残業申請の紙を手書きからアプリ化してやるぞ！と気合をいれたものの、時計を見たらあと10分で業務終了時刻です。
　「今日は残業するような急用もないし、残業申請書を手書きするのもメンドクサイから、また明日かな。」
　Jが帰宅の準備をしようかというタイミングで、フロアの奥からキョロキョロしながら近づいてくる人影があります。先輩社員のAさんです。今は営業部に所属していたはずです。
　「マーケの部長きてない？　予定表には"情シスと会議"って登録されてたんだよね。」
　「見かけてないですねぇ。どうしたんですか？」
　Aさんが残業申請の紙を指先でつまんでヒラヒラさせながら続けます。
　「コレだよ、これ。部長のハンコが欲しいんだよ。予定だと会議はとっくに終わってるんだけどさ」
　「情シスのフロアでは見てないです。もしかしてモクモクですかね？」
　「あー。そこか。ちょっと見てくるかーしょうがないなぁ」
　Aさんは残業申請用紙をヒラヒラさせながら喫煙所へ向かっていきました。彼の背中に「おつかれさまです！」と声をかけたJは考えます。
　「申請の用紙に手書きするのも手間だけど、さらに承認者が不在だった場合も面倒なことになっているなぁ。残業申請も承認もすべてアプリ化できたら、申請する人は手書きの煩わしさから解放されるし、承認もクラウド上で実施できたら上司がどこに居ても申請内容が確認できるよな。Power Appsなら、ブラウザーだけじゃなくてスマートフォンやタブレッ

序章

第1章

第2章

第3章

第4章

第5章

Power Appsで業務効率化〜残業申請編〜

トでも作ったアプリが動作するから出張中でも対応できるよね！」

　どう考えても、アプリを作成するメリットばかりです。席に居なくても対応できる、ということは在宅勤務・テレワークという状況でも活用できそうです。Jは俄然やる気になりましたが、こうなると残業申請の用紙を手書きするのがとても苦痛にみえてきます。明日に備えて帰宅の準備を進めつつ、頭の中で"作るアプリ"のイメージを膨らませていました。

Power Appsと設計

　実際にアプリを作り始める前に、閃いたアイディアや解決したい課題に対して「どうアプローチしたら良いか？」を考え「どんな画面や機能が必要か？」を考えるフェーズを持つことをおススメします。このフェーズを"設計"といいます。

　以下のようなPower Appsの設計に関するwebサイトもありますので、あわせてご確認ください。

- はじめに: Power Apps プロジェクトの計画
  https://docs.microsoft.com/ja-jp/powerapps/guidance/planning/introduction

- Power Apps の導入手法 – 活用してアイデアや課題をデジタル変革させるには
  https://memo.tyoshida.me/power-platform/powerapps/learn-how-to-convert-your-ideas-to-solutions-with-power-platform/

アプリの構想設計

　実用的なアプリを作るときって、何から始めたらいいの？と困惑する方もいると思います。こういうの、なかなか情報が少なくて困るポイントです。

実際に使っているシーンをイメージしてみる！
　→ 何となくイメージ出来たらまず作る！

　"勢い"でアプリを作ってしまえるのもPower Appsの魅力です。ひとりで
楽しむ趣味のゲームアプリや楽器アプリなら、ともかく作って改造して……
を繰り返しても問題ないでしょう。しかし、業務で利用するアプリとなると、
複数人に活用してもらう必要があります。少し手順を踏んで「どんなアプリ
なのか？　どういう仕組みで課題を解決するのか？」という情報をアプリ作
成の前に少し踏み込んで考える時間を持つことをおススメします。
　まず、業務で利用するアプリを考える場合は、解決したい課題や達成した
い目的を明確にしておくと良いでしょう。そのような解決したい課題や目的
を"要件"と呼びます。今回の場合は「残業申請を手書きする煩わしさの解
消」が当初の要件でした。
　そこに加えて「承認者が自席にいないと申請の確認（承認・却下）ができ
ない」という課題が見つかりました。この課題は「承認者が自席に居なくて
も申請を確認して承認・却下したい」という要件として表現できます。この
ように状況を整理しておくと作るアプリのイメージが明確になります。要件
は箇条書きでも構いませんので他の人にも説明できる状態でまとめておくと
良いでしょう。

◆残業申請アプリ要件（現状）
1. 紙に手書きを無くすため、アプリを利用したPC入力にしたい
2. 承認者は場所やデバイスにとらわれずに確認をさせたい

運用イメージ

要件は以上ですべてでしょうか？　まだ考える余地があるかもしれませんね。せっかくアプリを作成して業務改善を目指すのですから、もう少し要件を深掘りしたいところです。そのような場合は、改善したい業務の登場人物や業務の流れを整理すると課題を発見しやすくなります。残業申請を例にして考えると……

◆登場人物

残業申請をする人（申請者）

申請を確認して承認・却下する人（承認者）

◆業務の流れ

申請者が残業申請を入力して申請する

承認者が確認して承認・却下する

　うーん、登場人物はまだしも、業務の流れを考えると何か物足りなさを感じます。「申請する」という行動は良いのですが、承認者としては「申請されたよ！」という事実に気づく必要があります。承認者の立場であれば日々の多忙な業務の中で「どれどれ今日は申請あるかな？」とわざわざチェックしてくれる……とは期待できませんよね。何か気づきが必要でしょう。

　同様に承認者が「承認したよ！」「却下です！」という申請に対する結果を申請者もチェックするか……と考えるとどうでしょう？　自分だったら、申請した後にわざわざチェックしますか？　しませんよね？　こちらも気づきが必要だと思います。

　"気づき"を与えるには何がよいでしょうか？　メールで通知？　Microsoft Teamsで該当者へメッセージ送信？　手段は様々あります。今回は「気づきをメールで実施する」とします。改めて、業務の流れを整理してみましょう。

◆業務の流れ（改訂）
申請者が残業申請を入力して申請する
申請内容を承認者へメールで通知する（NEW！）
承認者が確認して承認・却下する
承認者結果を申請者へメールで通知する（NEW！）

アプリとMicrosoft 365のメールを利用して実現できそうに思えてきませんか？　箇条書きなど文章で分かりづらい場合は絵を描いてみると、より具体的になります。イメージ図にまとめると以下のようになります。

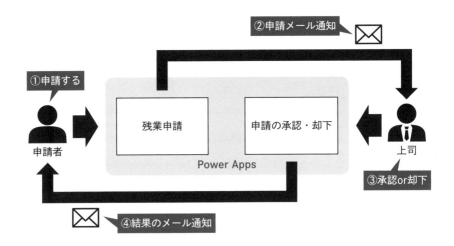

図2.1　業務の流れをまとめたイメージ図

このように、アプリやシステムの利用シーンに登場人物を加えた一連の流れを「運用イメージ」と呼びます。

さらに、イメージ図の登場人物をよくみると、「残業申請」と「申請の承認・却下」で利用者が異なりましたよね。利用者の特性も考えてみましょう。

序章

第1章

第2章

第3章

第4章

第5章

Power Appsで業務効率化〜残業申請編〜

◆申請者

1. 外回りの営業など、外出する社員が多い

   →社外から残業申請をするケースもある

2. スマートフォンでMicrosoft 365を利用することが多い

   →スマートフォンは全社員が利用できる

3. 常にPCを持ち歩いているとは限らない

◆承認者

1. 複数の部下がいるので、申請が複数飛んでくる

   →画面が小さいと確認しづらいかもしれない

2. 大半の役職者はPCに加えてタブレットも支給されている

   →スマートフォンも加えると利用可能なデバイスが申請者より多い

3. 高齢の方も一定数在籍している

   →小さい文字だとツライ

例えば、上記のような利用者の特性だった場合、

● 申請者はスマートフォンから申請できたほうが便利そうだ

● 承認者はなるべく大きな画面で操作できたほうが良さそう

という結論を導き出せます。Power Appsのキャンバスアプリでは「携帯電話レイアウト」と「タブレットレイアウト」の2種類が選択できます。アプリを申請用と承認用にわけて、各々のレイアウトを以下のように決めるとよさそうです。

残業申請アプリ　＝　携帯電話レイアウト

承認アプリ　　　＝　タブレットレイアウト

さらに、画面に表示する内容を考える必要があります。承認アプリはひと

まず後回しにして、残業申請アプリを考えてみましょう。利用シーンを想像しながら検討します。

- 残業申請に必要な項目を入力して申請する
- 申請した内容を再確認できる
- 申請者が承認者へ連絡する必要なく自動で通知される
  →これは画面ではなく、裏側の処理で実現できる
- 自分が残業申請した結果を一覧で閲覧する
- 一度申請した内容は、申請者自身で削除できる
  →間違って申請した場合などを考慮する
- 申請した内容は変更できない
  →変更したい場合は削除して再度申請してもらう

あれ？　これ、Power Appsで自動生成したアプリの「一覧」「詳細」「新規・編集」画面をそのまま流用できそうですね！

業務の流れ、運用イメージ、利用者の特性などから、画面のレイアウトを導き出すことができました。アプリを作り始める前に「どんな業務になるか？」「どんな利用方法が良いか？」から導き出して「どんなアプリにするか」を考えることで、画面レイアウトなどを自信をもって決定することができるようになります。

データ設計

次は、残業申請と承認のデータを保持する仕組み、データソースを設計します。複数名での利用が前提となる点、およびMicrosoft 365ライセンスの範囲内（＝追加料金無し）で利用するため、SharePoint Onlineのカスタムリストをデータソースとします。

カスタムリストを利用するのは良いのですが、データの項目としては何が必要でしょうか？　データの項目、つまり列を決める必要があります。実際の業務をアプリへ落とし込む場合は、その業務で利用している資料などを参考にするとよいでしょう。

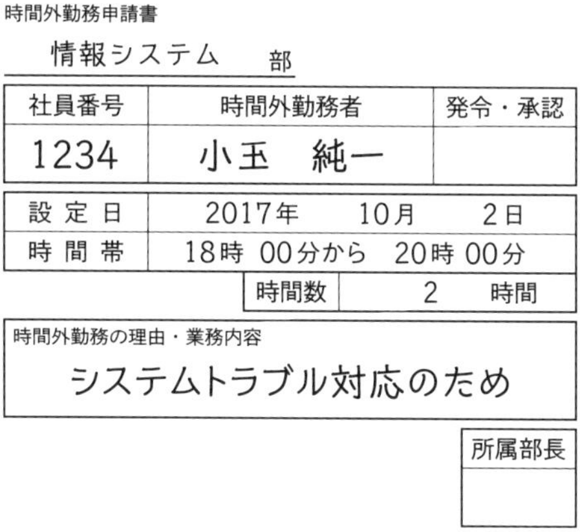

時間外勤務申請書

情報システム　部

社員番号	時間外勤務者	発令・承認
1234	小玉　純一	

設　定　日	2017年　　10月　　2日	
時　間　帯	18時 00分から　20時 00分	
	時間数	2　　時間

時間外勤務の理由・業務内容

システムトラブル対応のため

所属部長

図2.2　手書きの残業申請用紙（イメージ）

　今回の例であれば印刷された申請書を利用しているので、その申請書から必要な列を考えます。

表2.1　ひとまず紙媒体から書き出した列（※これは設計の途中段階です）

列の検討	考察メモ
社員番号	Microsoft 365のユーザー情報から取得できないかな？（※1） そもそも、申請者名が把握できれば社員番号は不要かな？ もしかして、部署もMicrosoft 365から取得できるんじゃない？
申請者名	Microsoft 365のユーザー情報から取得できないかな？（※1）
申請日	基本的に"当日のみ"でOKかな？　過去日は必要？
残業開始時間	社員によって"定時"が変わるなぁ
残業終了見込み時間	開始時間＋残業時間（計）で計算できるから必要ないかも……？（※2）
残業時間（計）	終了時間−開始時間で計算できるから必要ないかも……（※2）
申請理由	
承認者名	Microsoft 365のユーザー情報から取得できないかな？（※1）

　単純に手元にある情報から列になる候補をピックアップしました。このように、ひとまず「必要になりそうな情報」を洗い出した後で、必要のない項目を削除したり、逆に不足している項目を追加したりを実施していきます。

　まず、ユーザーの情報に関する部分（※1）の要否から考えていきましょ

う。申請者や承認者の氏名では同姓同名が存在した場合、誰なのか分からなくなってしまいます。Microsoft 365上の情報で、同姓同名であっても個人を特定できる情報は？と考えるとメールアドレスが思いつきます。個人が特定できれば、Microsoft 365上でユーザー情報が設定されている氏名（表示名）や部署情報なども入手できます。なので、申請者、承認者はメールアドレスで管理することにできそうです。

次に、残業開始・終了時間と残業時間の合計について（※2）考えます。といっても、上記の表を考える際に考察メモに記載した通り、残業の開始時間が決まっていれば計算することで求められる値になるので“どっちにするか？”を決めるだけです。アプリ利用者の立場になって考えてみると、開始と終了の時刻を選択するよりも「だいたいn時間ぐらい残業になりそうだな」と数値を入力したほうがわかりやすい、と考えて残業開始時間と、残業時間の合計で管理することにします。

用紙をよくみると「所属部長」箇所は明らかにハンコを押す欄です。Power Appsのアプリでハンコまで再現する必要はありませんよね？　承認なのか、却下したのかが把握できれば問題ありません。申請(=未承認)と、承認・却下の3種類あれば状況が把握できます。列として“承認状況”を追加しておけば管理できそうです。

以上の検討結果から、データソースを設計してみます。

表2.2　再検討したデータソース設計

列名	型	備考
申請者メールアドレス	1行テキスト	
残業開始日時	日付と時刻	日付と時間が必要
残業時間	数値	
残業理由	複数行テキスト	
承認者メールアドレス	1行テキスト	
承認者コメント	複数行テキスト	
承認状況	選択肢	未承認 承認 却下

ひとまず、これでデータ設計が出来上がりました。事前にデータソースをしっかり考えて設計しておくことで、この後のアプリ作成が楽になります。めんどくさがらずに、分析して検討してみてください。

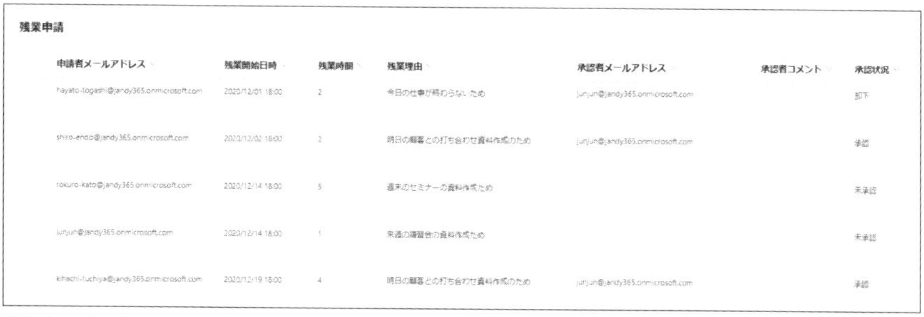
残業申請

申請者メールアドレス	残業開始日時	残業時間	残業理由	承認者メールアドレス	承認者コメント	承認状況
hayato-togashi@jandy365.onmicrosoft.com	2020/12/01 18:00	2	今日の仕事が終わらないため	junjun@jandy365.onmicrosoft.com		却下
shiro-endo@jandy365.onmicrosoft.com	2020/12/02 18:00	2	明日の顧客との打ち合わせ資料作成のため	junjun@jandy365.onmicrosoft.com		承認
rokuro-kato@jandy365.onmicrosoft.com	2020/12/14 18:00	5	週末のセミナーの資料作成ため			未承認
junjun@jandy365.onmicrosoft.com	2020/12/14 18:00	1	来週の講習会の資料作成ため			未承認
kihachi-tuchiya@jandy365.onmicrosoft.com	2020/12/19 18:00	4	明日の顧客との打ち合わせ資料作成のため	junjun@jandy365.onmicrosoft.com		承認

図2.3　データソースの完成イメージ

データソースを用意する

データ設計をもとに、さっそくSharePoint Onlineのカスタムリスト“残業申請”を作成していきましょう！

おっと、その前に重要な手順を案内しておかなければなりません。カスタムリストを作成していく際の“お約束”があります。それは……“まず半角英数文字で一度設定してから、日本語表記に修正する”という手順です。なぜ、ひと手間必要なのか？　簡単に説明しておきます。

まず、カスタムリストを作成する手順は第1章で案内しています。同じ手順でカスタムリストを作成した後で、日本語の列名を追加してみます。

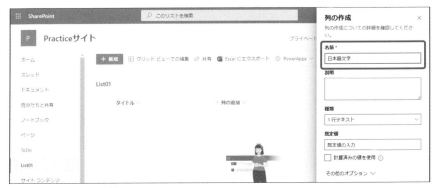

図2.4　日本語の列名を追加

　一見すると問題ないようにみえます。この状態で、追加した列の詳細を確認してみます。画面右上の［歯車］→［リストの設定］の順にクリックします。

図2.5　列の詳細を確認

　リストの設定画面に切り替わります。画面中央にある［列］から［日本語文字］をクリックします。

図2.6　リストの設定画面

序章
第1章
第2章
第3章
第4章
第5章

Power Appsで業務効率化〜残業申請編〜

　URLの末尾に注目してください。"Field"に続く文字列がエンコードされています。実は、このFieldに続く文字列がSharePoint Onlineのカスタムリストに追加した列の内部的な名前になります。Power Appsのアプリや、Power BIなどからこの列を参照した場合、内部的な名前で指定しなければならない場面があります。エンコードされた文字だとわかりづらいですよね。

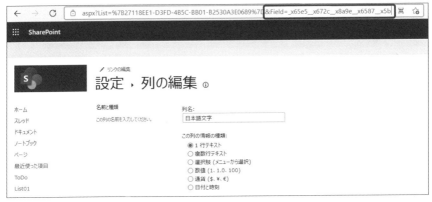

図2.7 文字列がエンコードされている

　例えば"Retu"という半角英数の文字列で列を作成し、日本語の名称に変更した列と比較してみましょう。

図2.8 半角英数の文字列の場合

　FieldIdが"Retu"という半角英数になっています。SharePoint Onlineのカスタムリストで列を作成する際は、必ず半角英数文字で一度設定した後で日本語の名称に置き換える、という操作を実施してください。

　ちなみに、1回目に半角英数文字で命名した内部の値を「内部名」、その後表記を日本語に修正したものを「表示名」と呼称しています。前置きが長くなりましたが、第1章の手順に「半角英数文字で作成して、日本語の名称に

置き換える」を加えて、以下の列を追加してください。

表2.3　カスタムリスト"残業申請"に追加する列計

表示名	内部名	型	備考
申請者メールアドレス	RequestUserEmail	1行テキスト	
残業開始日時	OvertimeDateTime	日付と時刻	※列の作成時に［時間を含める］を［はい］に設定する
残業時間	OvertimeHours	数値	
残業理由	Reason	複数行テキスト	
承認者メールアドレス	ApproverEmail	1行テキスト	
承認者コメント	Comment	複数行テキスト	
承認状況	Status	選択肢	未承認 承認 却下 ※列の作成時に［既定値］を［未承認］に設定する

　また、今回使用しない［タイトル］列は既定で必須入力列になっており、このままでは何かしら値を入力しないとデータが登録できません。そこで、［タイトル］列を任意入力に変更しておきます。リストの設定画面の列の一覧で［タイトル］をクリックし、［この列への情報の入力を必須にする］を［いいえ］にして画面下部の［OK］をクリックします。［タイトル］は［Title］と表示されていることもあります。

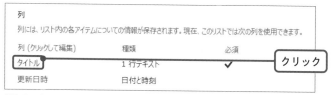

図2.9　タイトル列をクリック

図2.10　［入力を必須にする］を［いいえ］にする

列を追加し終えたら、テスト用のデータをいくつか追加しておきましょう。テストデータを登録してみることで、型などが意図した動作をしているか？をアプリ作成前にチェックできます。また、テストデータが登録されていると、アプリを作成した際に「実際にデータソースから参照した値がどのような見え方になるか？」が把握しやすくなります。

　アプリを作成する前のデータソース準備には"テストデータを登録する"という行為もワンセットで覚えておきましょう

アプリを自動生成する

　アプリを作成する前に、設計をして、データを格納する場所（データソース）を準備する重要性は伝わったでしょうか。やみくもにアプリを作るよりも、腰を据えて「解決したい課題」「改善したい業務」などを把握したほうが作成の工程も順調に進みます。主人公もそろそろアプリが作りたくてウズウズしているようです。完璧な設計は難しいので、ある程度見通しがたったらアプリ作成に着手していきましょう！

アプリの自動生成はExcelだけじゃない

　A先輩は無事に部長を捕まえられたのかな？などと思いながら、Jは早くアプリを作りたい気持ちを抑え、設計を進めていました。初めは"どうしたらいい？"と悩んだようですが、学生時代にプログラミングの授業で先生がいっていたことを思い出しながら試行錯誤のすえSharePoint Onlineのカスタムリストでデータソースを作成します。

　「さて、準備が整ったことだし、まずは残業申請アプリを作ろうかな！」

　「さっき考えた画面レイアウトだと、自動生成したアプリがほとんど一緒だから改造すれば残業申請アプリはすぐにでも作れそうだ」

　今回も同じように……と思ったのですが、ふとJはあることが気になり始めました。

　「そういえば、Excelをデータソースにした際はPower Appsホームペー

ジから操作したなぁ。あの画面、SharePointの名前もあったな……。も
しかして、同じコトができるのか？」

　気になりだしたら試してみたくてしょうがありません。JはPower Appsホー
ムページをブラウザー上で開いてポチポチとクリックをして作業を進めていきます。

　「おぉ、予想通り同じ結果になった。導線が複数あるだけで、自動生成
の仕組みは一緒なんだなぁ」

　よし！と気合を入れなおしたJは、先ほど考えた設計の情報をもとに、
自動生成されたアプリの画面をカスタマイズしはじめました。

　「A先輩のように、貴重な時間を浪費する人が減るようになればいいな」

　本来であれば、外部のシステム開発ベンダーに依頼するはずだったアプ
リを、自分自身のちからで内製し始めたのです。しかも、構想から着手ま
でわずか数日、アプリのベースとなるカタチは1時間もかからず自動生成
されています。Jは、どんどんPower Appsの魅力に引き込まれています。

SharePoint Onlineのカスタムリストからアプリ自動生成をする

　残業申請アプリは、SharePoint Onlineのカスタムリストをデータソース
にして作成します。

▶SharePoint Onlineのカスタムリストからアプリ自動生成をする

　第1章ではカスタムリスト側からPower Appsアプリを自動生成しました
が、Power Appsホームページからでも自動生成することができます。

①Power Appsホームページの
　画面から、[作成] → [Share-
　Point] の順番にクリックし
　ます。

図2.11　[作成] → [SharePoint]

②接続の一覧から［SharePoint］を選択し、［SharePointサイトに接続］の入力ボックスにSharePoint OnlineサイトのURLを入力し、［移動］をクリックします。［最近利用したサイト］にURLが記載されている場合は、そちらをクリックしてもOKです。

図2.12　［SharePointサイトに接続］

接続画面上でSharePointが表示されていない場合は［新しい接続］からコネクターを追加することが可能です。

③サイトに含まれるカスタムリストが［一覧の選択］に表示されます。［残業申請］を選択し、［接続］をクリックします。

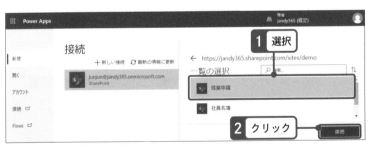

図2.13　［残業申請］を選択

④Power Appsアプリが自動生成されるので暫く待ちます。
⑤Power Apps Studioの画面が表示されれば成功です。

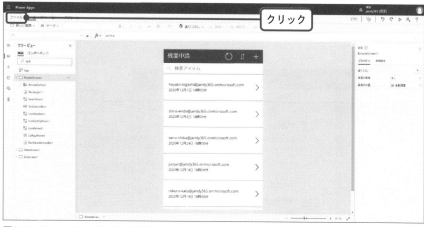

図2.14 Power Apps Studioの画面

⑥ひとまずアプリに名前をつけて保存をしておきましょう。画面左上の［ファイル］をクリックし、切り替わった画面の左側の［名前を付けて保存］をクリックします。

⑦アプリ名を入力し、右下の［保存］をクリックします。既存のアプリと同じ名前にはできません。

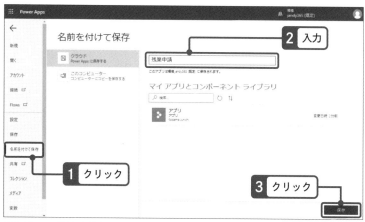

図2.15 アプリ名を入力

序章
第1章
第2章
第3章
第4章
第5章

Power Appsで業務効率化〜残業申請編〜

2 アプリを自動生成する | 107

⑧保存されました。画面左上の[←]をクリックして元の画面に戻りましょう。

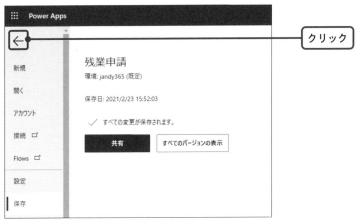

図2.16　元の画面に戻る

Power Appsの座標

　カスタマイズする前に、アプリ画面の座標について学んでおきましょう。座標とは、学校で習ったあの座標のことです。

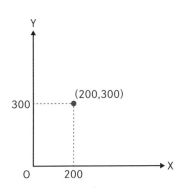

図2.17　学校で習った座標

　Power Appsにも、座標という考え方があります。

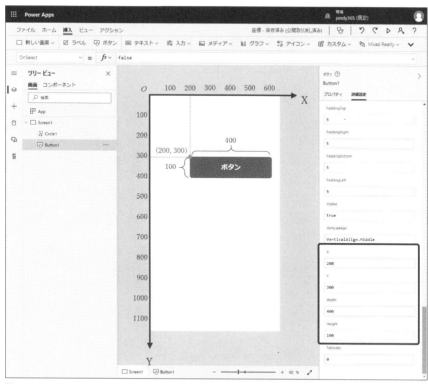

図2.18　Power Appsの座標

　画面の左上が原点です。学校で習った座標と比べると、Yの向きが逆ですね。例えばこのボタンは、Xが200、Yが300、幅（Width）が400、高さ（Height）が100です。すべてのコントロールの位置と大きさは、このXとYの座標、そして幅（Width）、高さ（Height）で定義されています。

3 自動生成したアプリをカスタマイズする

　Power Appsの自動生成アプリを設計にあわせてカスタマイズしていきます。ここまではほとんど関数などを書かない"ノーコード"でした。これ以降は関数と呼ばれる、アプリに動きなどを付けていく命令が登場します。

右側縦書き：

序章　第1章　第2章　第3章　第4章　第5章　Power Appsで業務効率化 ～残業申請編～

　自動生成したアプリの画面や動作をチェックしていると、業務利用するには少々不足している部分が見つかります。

　「ボタンとかのコントロールの色を1つずつ変更するのはわかったけど、パワポ（PowerPoint）のデザインみたいに、まとめて色合いを変更することはできないのかなぁ？」「ん〜、自動生成されたギャラリーコントロールの一覧、悪くないんだけども。もうちょっと情報があったほうが、利用者としてはわかりやすいよね」

　独り言をブツブツといいながら、画面をカスタマイズしていきます。「承認されているのか、却下なのかを、パッと見て把握できると嬉しいかな……」

　アプリをカスタマイズして、動作確認をして、を繰り返していると実際の業務利用に向けて必要な機能や、利便性を考えて工夫をすべき箇所がいくつか見つかります。気づいたポイントを少しずつ修正しながらJは思います。

　「他のプログラミング言語を使ってたら、まずこんなに高速に修正できないし、すぐに実行して試すなんて不可能だよなぁ。やっぱりPower Appsって凄いな！　楽しい！」「あ！　必要ないよ、って思ったコントロールを消したらエラーになった！　なんだ？」

　アプリからコントロールを1つ消したらエラーになりましたが、その原因解明と対策を実施することすら、楽しくて仕方ないようです。独り言をつぶやきながら、ニヤニヤしてパソコンに向かっているので周囲の社員からはチョット異質に思われたかもしれません。

自動生成アプリのカスタマイズ

　Power Appsの自動生成で生成されたアプリを直接カスタマイズしていくことで、より使いやすい状態にしてしまいましょう。

▶ テーマを変える

　まずは見た目から整えていきます。Power Appsには、アプリの配色を20種類の中から選べるテーマという機能があります。まずは、お好みのテーマ

に変えてみましょう。

① [ホーム] - [テーマ] をクリックし、お好みのテーマを選択します。
本書ではOFFICEの [青] を選択して進めます。

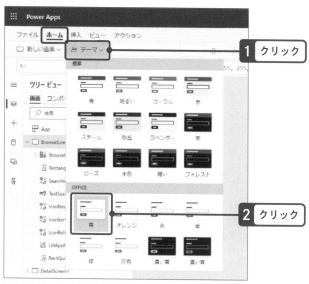

図2.19　テーマを選択

▶ 必要な情報を揃える

[BrowseScreen1] には、画面の大半を占めるギャラリーコントロール
[BrowseGallery1] が表示されています。ギャラリーコントロールがデータ
ソースの中身を表示していることは何となく分かるものの、このままでは表
示する情報が足りません。ギャラリーコントロールの仕組みを理解しながら、
中身を修正していきましょう。

ギャラリーコントロールの仕組み

ギャラリーコントロールは、データソースの中身をレコード単位で表示す
るものです。ギャラリーコントロール内の1つの塊は、データソースの1レコ
ードと紐づいています。

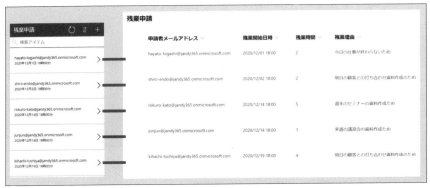

図2.20　ギャラリーコントロールとデータソースの関係

　ギャラリーコントロールの中には任意のコントロールを配置することがで
きます。文字を配置したり、データソースの情報を表示したり、アイコンを
配置したりすることができます。

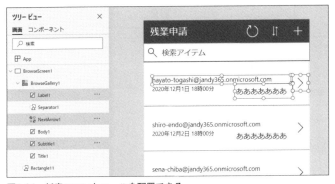

図2.21　任意のコントロールを配置できる

　ギャラリーコントロールのレイアウトは、一番上のレコードの部分を編集
するだけでOKです。2レコード目以降のレイアウトは、一番上のレコードの
レイアウトを継承します。

図2.22　一番上のレコードのレイアウトを継承

　ギャラリーコントロール内の日時が表示されているラベルコントロールを1つ選択して見てみます。Textプロパティには

　　　ThisItem.残業開始日時

と書かれています。

　ThisItemは、ギャラリーコントロールに表示されている各々のレコードのことを指しています。残業開始日時はデータソースの列名なので、ThisItem.残業開始日時は"各々のレコードの残業開始日時"のことを指しているのです。

図2.23　ThisItem.残業開始日時は各々のレコードの残業開始日時を指している

序章
第1章
第2章
第3章
第4章
第5章
Power Appsで業務効率化〜残業申請編〜

これを踏まえて、まずは必要な情報を表示させてみましょう。

①ギャラリーコントロール内のラベルコントロール［Title1］のTextプロパティに、数式ThisItem.残業開始日時を入力します。

図2.24　［Title1］のTextプロパティ

②同様に［Subtitle1］はThisItem.残業時間、［Body1］はThisItem.残業理由に、Textプロパティを修正します。

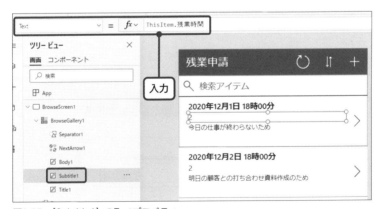

図2.25　［Subtitle1］のTextプロパティ

図2.26 ［Body1］のTextプロパティ

▶ 日付の書式を変える

文字の幅を節約するために、日付の書式を"年/月/日 時:分"（yyyy/mm/dd hh:mm）に変更してみましょう。

①日付が表示されているラベルコントロールのTextプロパティを、`Text(ThisItem.残業開始日時, "[$-ja]yyyy/mm/dd hh:mm")`に設定します。

図2.27 日付が表示されているラベルコントロールのTextプロパティ

日付や数値の書式を変更したい時はText関数を使用します。変更したい内容を第1引数に指定し、第2引数でその書式を定義します。

使用できる書式については、以下で確認することができます。

● 使用できる書式

https://docs.microsoft.com/ja-jp/powerapps/maker/canvas-apps/functions/function-text

▶ 固定文字を付け加える

残業時間の数字に単位がないと分かりづらいので、"○時間"という表示にしてみましょう。

①残業時間が表示されているラベルコントロールのTextプロパティを、ThisItem.残業時間 & "時間"に設定します。

図2.28　残業時間が表示されているラベルコントロールのTextプロパティ

表示したい情報同士を"&"で結ぶことで、複数の情報を並べて表示することができます。

1つのコントロールの中で2つ以上の列を参照してもOKです。

②日付が表示されているラベルコントロールのTextプロパティを、以下のように設定します。

Text(ThisItem.残業開始日時, "[$-ja]yyyy/mm/dd hh:mm") & " ～ " & ThisItem.残業時間 & " 時間"

図2.29 情報を&でつないだ

複雑に見えますが、4つの下線の情報を&でつないでいるだけです。

残業時間のみが表示されているラベルコントロール（Subtitle1）は不要になったので、削除します。

③ツリービューで該当のコントロール名の右側にある［…］から削除を選択するか、該当のコントロールを選択した状態でDeleteキーを押すと削除できます。

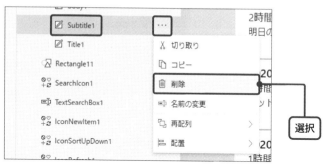

図2.30 ラベルコントロール［Subtitle1］を削除する

おっと！　ギャラリーコントロール内の残業理由を表示しているラベルコントロールがギャラリーコントロール内の上部に移動してしまいました。また、画面に赤丸の×印が表示されています。これは一体何なのでしょうか。

図2.31　これは一体何なのでしょうか

▶ エラーに対処する

　Power Appsでアプリを作成していると、エラーに遭遇することがあります。エラーが発生すると、該当するコントロールの左上に赤丸の×印が表示され、画面右上の［アプリのチェック］マークに赤丸が表示されます。

図2.32　エラーが発生

　エラーというと難しいイメージがありますが、大丈夫です。ここでは自動生成したアプリでよく発生するエラーとその対処方法をご紹介します。

　　①コントロールの左上に赤丸の×マークが表示されている場合は、×マークをクリックして［数式バーで編集］をクリックします。

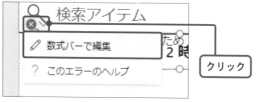

図2.33　×マークをクリック

　赤丸の×マークが見当たらない場合は、画面右上の［アプリのチェック］マークをクリックしてエラーの内容を確認します。

　残業理由を表示しているラベルコントロールBody1のYプロパティに、先ほど削除したラベルコントロールSubtitle1の名前が使用されています。削除したことでSubtitle1の情報が取得できなくなりエラーになったようです。

```
Subtitle1.Y + Subtitle1.Height + 4
```

　Subtitle1.YはSubtitle1のYプロパティの値で、Subtitle1.HeightはHeightプロパティの値です。この式は、図の通りSubtitle1の下から4ピクセル離れた位置を示していて、Subtitle1の下にBody1が配置されるよう設定されていたものです。

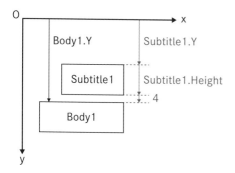

図2.34　Body1のYプロパティの式が示す位置

序章
第1章
第2章
第3章
第4章
第5章
PowerAppsで業務効率化～残業申請編～

ここでは、Body1をドラッグして任意の位置に配置しましょう。

②コントロールの位置を手動で動かすと、コントロールのYプロパティ
は自分で配置した数値に変わり、エラーが解消されます。

▶ 承認状況を表示する

各レコードの左側に承認の状況を表示させます。状況に応じて色を変えて
みましょう。

①ギャラリーコントロール内にある既存のラベルコントロールの幅を
縮めて右側に寄せます。Ctrlキーを押しながら2つのコントロールを
両方選択し、図の矢印の部分の丸を右にドラッグすると両方の幅を
同時に縮めることができます。

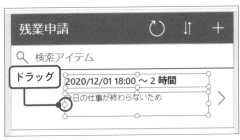

図2.35　ラベルコントロールの幅を縮める

②ギャラリーコントロール内の既存のコントロールを選択した状態で、
［挿入］-［ラベル］をクリックしてラベルコントロールを追加します。
ギャラリーコントロール内にラベルが追加されます。

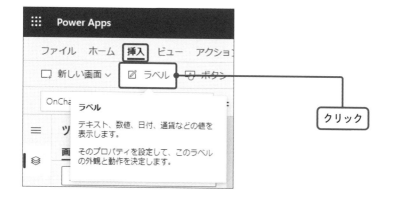

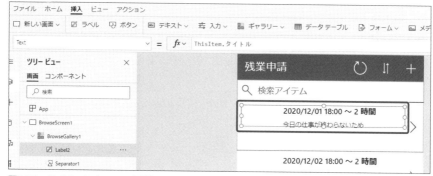

図2.36　ラベルコントロールを追加

　追加したアイコンがギャラリーコントロールの外に配置された場合は、ギャラリーコントロール左上の鉛筆マークをクリックするか、ギャラリーコントロール内の既存のコントロールを選択した状態で再度アイコンを追加してみてください。

序章
第1章
第2章
第3章
第4章
第5章
Power Appsで業務効率化 〜残業申請編〜

column

名前の変更

コントロールは、命名規則に従い名前を変更しておくと後で見直しやすくなります。

コントロールの名前は、以下の3つの方法で変更できます。

- ツリービューのコントロールの右側にある［…］-［名前の変更］をクリックする
- ツリービューのコントロールをダブルクリックする（または選択状態でF2キーを押す）
- プロパティウィンドウの最上部にあるコントロール名をクリックする

コントロールの命名規則は、以下の「PowerApps キャンバスアプリのコーディング規約とガイドライン日本語版」で確認することができます。

- PowerApps キャンバスアプリのコーディング規約とガイドライン日本語版
  https://memo.tyoshida.me/wp-content/uploads/2021/06
  /4bbaa6955f6a1caa85a9653c13d61d72.pdf

- PowerApps キャンバス アプリのコーディング規約とガイドライン英語版
  https://pahandsonlab.blob.core.windows.net/
  documents/PowerApps%20canvas%20app%20coding%20
  standards%20and%20guidelines.pdf

本書でよく利用するコントロールと省略形（※前記URLより抜粋）

コントロール名	省略形
ボタン (button)	btn
カメラ コントロール (camera control)	cam
コレクション (collection)	col
コンボ ボックス (combo box)	cmb
日付 (dates)	dte
ドロップ ダウン (drop down)	drp
フォーム (form)	frm
ギャラリー (gallery)	gal
グループ (group)	grp
アイコン (icon)	ico
画像 (image)	img
ラベル (label)	lbl
四角形、円などの図形 (shape)	shp
テーブル データ (table data)	tbl
テキスト入力 (text input)	txt

　例えば、テキスト入力コントロールを配置して、氏名（Name）を入力してほしい場合は"txtName"となります。上記の省略形を先頭につけて、役割などを続けます。以後、名前を変更する手順は割愛しますね。

序章
第1章
第2章
第3章
第4章
第5章
Power Appsで業務効率化 〜残業申請編〜

　③追加したラベルコントロールのプロパティを以下のように設定します。コントロールの位置（XとYの値）はお好みで調整してください。

表2.4　ラベルコントロールのプロパティ

プロパティ	設定値
Text	ThisItem.承認状況.Value
Align	Align.Center
Size	20
Width	100
Height	70

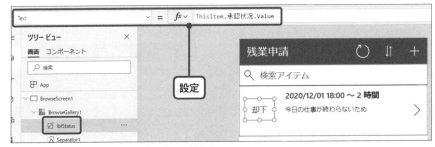
図2.37　ラベルコントロールのプロパティを設定

④状態に応じて色を変えてみましょう。Colorプロパティに、Switch
(ThisItem.承認状況.Value, "未承認", Gray, "承認",
DodgerBlue, "却下", Red)を入力します。

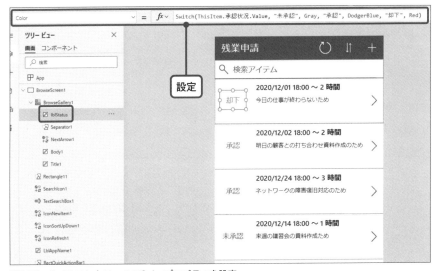
図2.38　ラベルコントロールのColorプロパティを設定

Switch関数は、条件に応じて処理を分岐できる関数です。

● 構文

Switch(評価対象, 値1, 処理1 [,値2, 処理2, … [, 例外処理]])

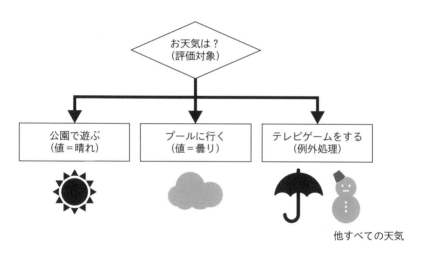

例えば、今日の天気によって何をして遊ぶか決めるとします。そのような場合、"天気は何か？"が評価対象になります。

晴れ、曇り、それ以外の場合で遊ぶ内容を決める場合は、Switch関数で以下のように表現することができます。

● 例：天気によって何をするか決める
　　Switch(天気は？, 晴れ, 公園で遊ぶ, 曇り, プールに行く,
　　テレビゲームをする)

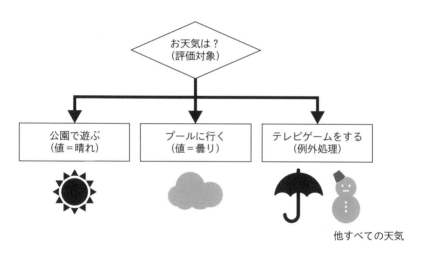

図2.39　Switch関数の表現

先ほどのColorプロパティでは、値と処理を3つ設定し、代わりに例外処理を省略しました。今回は承認状況が3種類で固定と想定しているため例外処理を省略しましたが、取り得る値が変動するようなケースでは例外処理を定めておいた方がいいかもしれません。

文字だけだと味気ないので、罫線で囲ってみましょう。

　　⑤先ほど設定したラベルコントロールのプロパティを以下のように設定します。

序章
第1章
第2章
第3章
第4章
第5章
PowerAppsで業務効率化〜残業申請編〜

表2.5　ラベルコントロールのプロパティ

プロパティ	設定値
BorderStyle	Solid
BorderColor	Self.Color

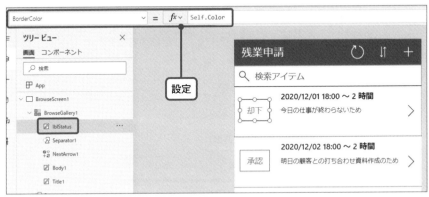

図2.40　ラベルコントロールのプロパティを設定

　Selfは、自身のコントロールを指します。つまり、Self.Colorは"自身のコントロールのColorプロパティの値"です。これをBorderColorプロパティに設定することで、ColorプロパティとBorderColorプロパティの値を揃えることができます。複数のプロパティで常に同じ値を設定したい場合は、このSelfを使用すると便利です。

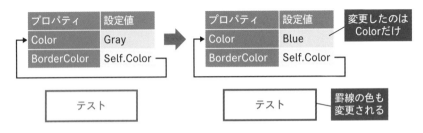

図2.41　プロパティの値を揃えることができる

　Self.Colorの代わりにコントロール名を用いてlblStatus.Color

でもOKです。

　Selfと入力する方が楽なのと、Selfと書かれていると「自身のコント
ロールのプロパティを参照している」という意図がくみ取りやすいです。自
身のコントロールのプロパティを参照する際はSelfを使用することをお勧
めします。

　見た目が整ってきましたね。

column

コントロールのプロパティの値を参照する

　Power Appsでは、コントロール名.プロパティ名とすることで、コントロー
ルに設定されているプロパティを参照することができます。

　例えば、ボタンコントロール "btnTest" とラベルコントロール "lblTest" を
画面に追加し、ラベルコントロールのTextプロパティにbtnTest.Xを入力し
ます。

　すると、ラベルコントロールにはボタンコントロールのXプロパティの値が
表示されます。では、ラベルコントロールのXプロパティに上記の数式を入力す
るとどうなるでしょうか。

　ラベルコントロールのXプロパティはボタンコントロールのXプロパティの値を参照するので、両コントロールの縦のラインが揃います。

　この状態で、ボタンコントロールをドラッグして移動させてください。

　ボタンコントロールのXプロパティが変化するので、ラベルコントロールも動きます。面白いですね。

　さらに、もう一つ例を示してみましょう。ラベルコントロールのTextプロパティにbtnTest.Pressedを入力します。

ラベルコントロールにはfalseと表示されます。

この状態でF5キーを押してアプリを実行し、ボタンコントロールをクリックしてみてください。

ボタンをクリックしている間はtrueになり、離すとfalseになります。

これを応用することで、ボタンをクリックしている間だけ色を変えたり、音を再生したり、表示/非表示を切り替えたりすることができます。

参照できるプロパティには、先ほどのボタンコントロールのPressedプロパティのように、画面右側のプロパティウィンドウでは設定できないプロパティもあります。

どのコントロールでどのようなプロパティを参照できるかを知ることで、より多様な制御が可能になります。

4 一覧画面の表示データをカスタマイズする

アプリの大まかな箇所は期待通りになってきました。いま作っているアプリを、さらに業務で利用できるレベルまでカスタマイズしていきましょう。

テストで気づく改善点

「よし、これで一覧画面は完成したかな！」

大まかなカスタマイズは完了したので、プレビュー実行ボタンをクリックして実行をしてみます。画面にはデータソースであるSharePoint Onlineのカスタムリストで追加しておいたテストデータが綺麗に並びます。満足そうに眺めていたJですが、あっ！と大きな声が出てしまいました。

「よく確認したら、一覧に他人の残業申請が表示されちゃってる。これじゃ他人の残業時間が丸見えだよ。上司や同僚に見せる前に気づいてよかったー！」

さらにカスタマイズして、自分の申請した情報のみに絞り込みます。

「あれ？　そういえば申請が古い順になってるのも不便かもしれない。コレは、最新の情報が一番上から順番に並んでいたほうが見やすいよね」

一覧表示の順番をササっと変更します。関数を少し修正して、すぐに変更結果を確認します。「今度こそ、一覧画面は完了かな！」

Power Apps Studioの操作や、関数にも慣れてきたようです。実際にアプリを自分自身でカスタマイズをすることで、他人が利用する視点なども考えながら気を付けるポイントも少しずつみえてきました。「これも、やはり修正と実行がシームレスに実施できるPower Appsの特性なんだろうな」とJは思いながら、次の画面の改造に取り掛かりました。

データの一覧画面などは初期表示で

新しい順が良いのか、古い順の方が良いのか？など、業務で利用するシーンによって異なる場合があります。利用者の利便性を考えながらカスタマイ

ズしていきましょう。設計で、そこまで検討できていればとても優秀です。しかし、実際にアプリを作った後に気づくコトもあります。Power Appsは修正も爆速で実施できるので、気づいた時にサッとアップデートする、という選択肢もアリですよね。

▶ 自分の申請のみを表示する

　ギャラリーコントロールの見た目が整ったところで、表示する内容を絞り込んでみましょう。ギャラリーコントロールに何のデータを表示するかは、ギャラリーコントロールのItemsプロパティで設定します。難しそうに見えるかもしれませんが、1つずつやれば大丈夫です。

　まずは、自分の申請のみを表示します。自分の申請か？は、データソースの申請者メールアドレス列のメールアドレスで判断できます。

　　①ギャラリーコントロールのItemsプロパティの記載を削除し、`Fil-`
　　　`ter(残業申請，申請者メールアドレス = "自分のメールアドレス")`
　　　と設定します。

図2.42　Itemsプロパティを設定

序章
第1章
第2章
第3章
第4章
第5章
Power Appsで業務効率化〜残業申請編〜

表示が減り、自分の申請のみが表示されます。

Filter関数は、テーブルの中から条件に合ったレコードを抽出する関数です。

● 構文
Filter(テーブル, 抽出条件1 [,抽出条件2, …])

処理をしたいテーブルを第1引数に指定します。データソースもテーブルですので、ここにはデータソース名を書くこともできます。第2引数以降には抽出条件を数式で記載します。

例を見てみましょう。以下のSharePoint Onlineカスタムリストをデータソースとして作成したアプリのギャラリーコントロールを使って説明します。

成績

氏名 ∨	国語 ∨	算数 ∨	英語 ∨
阿部 一郎	80	50	60
伊藤 二葉	80	100	40
上田 三郎	60	70	40
遠藤 四郎	80	30	90
大西 五郎	60	80	90

図2.43　説明用のデータソース

● 例1：氏名の列が"阿部 一郎"のレコードのみ表示する
```
Filter(成績, 氏名 = "阿部 一郎")
```

図2.44　氏名の列が"阿部 一郎"のレコードのみ表示する

- 例2：算数の列が80以上のレコードのみ表示する

  Filter(成績, 算数 >= 80)

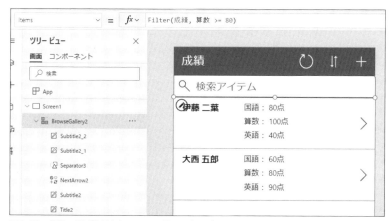

図2.45　算数の列が80以上のレコードのみ表示する

- 例3：国語の列が70以上で、かつ英語の列が50未満のレコードのみ
  表示する

  Filter(成績, 国語 >= 70, 英語 < 50)

序章
第1章
第2章
第3章
第4章
第5章
PowerAppsで業務効率化〜残業申請編〜

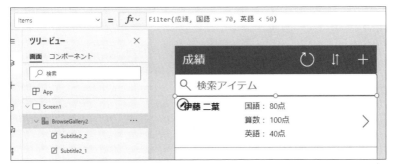

図2.46 国語の列が70以上で、かつ英語の列が50未満のレコードのみ表示する

　抽出条件には基本的に列名を指定していることがお分かりいただけると思います。Excelで情報を絞りたい時も、フィルターを設定し、列ごとに「指定の値に等しい」とか「指定の値を含む」とか「指定の値以上」とか選択しますよね？

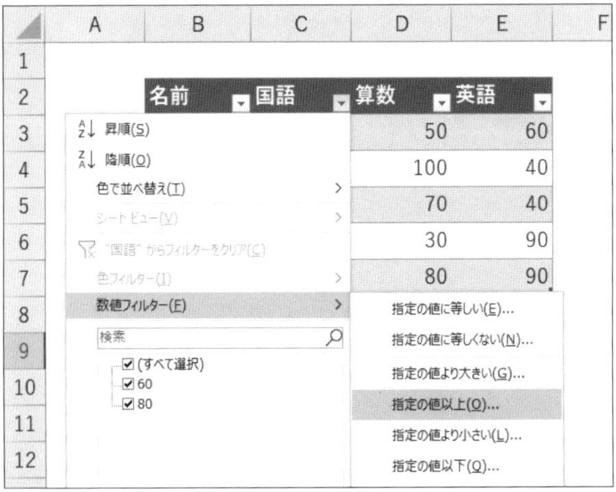

図2.47 Excelで情報を絞りたい時も列ごとにフィルターを設定しているはず

　関数で書くと難しそうに見えますが、やっていることはExcelのフィルターと同じです。
　Filter関数の使い方をおおよそご理解いただけたところで、先ほどの式をもう一度見てみましょう。

```
Filter(残業申請, 申請者メールアドレス = "自分のメールアドレス")
```

　第2引数の抽出条件は「申請者メールアドレス列の値が"自分のメールアド
レス"と等しい」と書いているだけなんですね。

　ただ、残念ながらこれでは抽出条件が固定なので、自分以外の人がアプリ
を開いた時も、同じ人の申請情報が表示されてしまいます。そこで、「Bさ
んがアプリを開いた際はBさんの情報のみ表示する」となるよう、式を書き
換えてみましょう。

　②ギャラリーコントロールのItemsプロパティの数式を、Filter(残
　　業申請, 申請者メールアドレス = User().Email)に書き換え
　　ます。

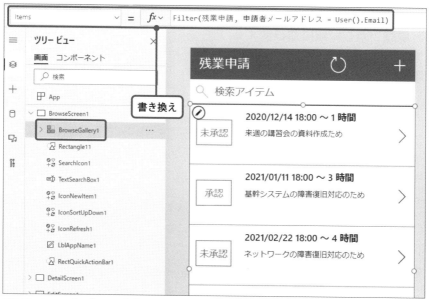

図2.48　Itemsプロパティの数式を書き換える

序章
第1章
第2章
第3章
第4章
第5章
Power Appsで業務効率化〜残業申請編〜

式は変えましたが、引き続き自分自身がアプリを使用していますので、ギャラリーコントロールの中身に変化はないはずです。

User関数は、現在アプリを利用しているユーザーの情報を取得できる関数です。以下の情報を取得することができます。

表2.6　User関数

メールアドレス	User().Email
フルネーム	User().FullName
画像	User().Image

直接メールアドレスを記載していた箇所をUser().Emailに置き換えただけです。これで、アプリを開いた人の申請情報のみがギャラリーコントロールに表示されます。

▶ 申請を新しい順に並び変える

新しい順番というと、何かしらの日付順がよさそうです。ただ、日付といっても、いくつか選択肢があります。

・申請した順（＝登録日時順）
・更新した順（＝更新日時順）
・残業した順（＝残業開始日時順）

そのうち、一覧画面に表示しているのは残業開始日時です。自分がいつどの程度残業したかを把握しやすくするためにも、残業開始日時の順に並んでいる方が見やすいですね。

並び替えも、ギャラリーコントロールのItemsプロパティで行います。Filter関数がすでにある状態でどうやって書くの？と思うかもしれませんが、まずは答えを見てみましょう。

```
Sort(Filter(残業申請, 申請者メールアドレス = User().Email), 残業開
始日時, Descending)
```

図2.49　残業開始日時の降順に並べる

　新しい申請が一番上にくるように並びました。Sort関数は、列などに基づ
いてテーブルを並び替えることができます。

● 構文
Sort(テーブル, 列名など [, ソート順])

　並べ替えたいデータが保存されているテーブルを第1引数に指定します。
データソースもテーブルですので、ここにはデータソース名を書くこともで
きます。

　第2引数は、ひとまず並び替えたい列名を指定すると覚えておけばOKです。
「など」の意味はコラムで紹介します。

　第3引数はソート順で、Ascending（昇順）またはDescending（降順）の
どちらかを指定します。第3引数を省略した場合はAscending（昇順）にな
ります。

　例を見てみましょう。先ほど使用したSharePoint Onlineカスタムリスト
で説明します。

成績

氏名 ∨	国語 ∨	算数 ∨	英語 ∨
阿部 一郎	80	50	60
伊藤 二葉	80	100	40
上田 三郎	60	70	40
遠藤 四郎	80	30	90
大西 五郎	60	80	90

図2.50　説明用のデータソース（再掲）

● 例1：算数の成績が低い順に並べる

　　Sort(成績，算数)またはSort(成績，算数，Ascending)

図2.51　算数の成績が低い順に並べる

● 例2：英語の成績が高い順に並べる

　　Sort(成績，英語，Descending)

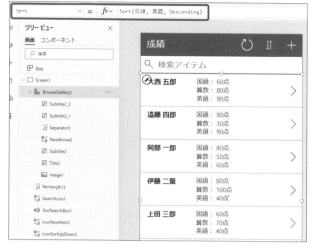
図2.52　英語の成績が高い順に並べる

　Sort関数の使い方が分かったところで、先ほどの数式をもう一度見てみましょう。

```
Sort(Filter(残業申請, 申請者メールアドレス = User().Email),
            第1引数

残業開始日時, Descending)
   第2引数        第3引数
```

　残業開始日時の列で（第2引数）、降順でソートする（第3引数）ことは読み取れます。ただ、Sort関数の第1引数がデータソース名ではなくFilter関数になっていますね。残業申請データソースをFilter関数で処理したものに対して、Sort関数でソートしている処理で、正しい書き方です。が、このように関数が「入れ子」になっている数式に慣れていない方は、戸惑うかもしれません。

序章
第1章
第2章
第3章
第4章
第5章

Power Appsで業務効率化〜残業申請編〜

関数の入れ子

Filter関数とSort関数は入れ子にして使うことが多くあります。関数の入れ子状態については第1章でも触れましたが、大事なポイントですので改めてイメージしてみましょう。

「データソースのデータのうち、自分の分だけ表示したい」

かつ

「日付順にソートして表示したい」

のように、1つの関数ではとても処理できないことを一度に処理する場合には、複数の関数を入れ子にして記載する必要があります。理解しづらい場合は、数式を絵に描き換えてみるとよいです。しつこいようですが、もう一度先ほどの数式を見てみましょう。

```
Sort(Filter(残業申請, 申請者メールアドレス = User().Email),
残業開始日時, Descending)
```

まず、Filter関数の中に残業申請のデータソース名がありますね。データソースの中身はテーブルですので、テーブルの絵にすり替えてみましょう。

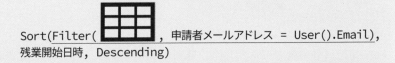

```
Sort(Filter(    , 申請者メールアドレス = User().Email),
残業開始日時, Descending)
```

続いて、Filter関数を見てみましょう。ここで考えるべきは、「Filter関数で処理した結果って何なんだっけ?」です。

Filter関数は、データソースから必要な行を抜き出しているだけです。行数は異なりますが、結局のところこれもテーブルなんですね。ということで、ここもテーブルの絵にすり替えてみましょう。

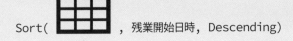

```
Sort(    , 残業開始日時, Descending)
```

先ほどの式が、何のひねりもなく公式通りに記述されていることがお分かりいただけるかと思います。各関数の引数で求められている形を守っていれば、いくら関数を入れ子にしても正常に処理することができます。

このような形のことを「型」といいます。型には、テーブル型以外にも、数値型、文字列型、日付型、レコード型など、値の中身や構造によって様々な型があります。

このように、関数で処理した結果の型や、関数の引数で必要な型が分かってくると、アプリ作成がどんどん楽しくなること間違いなしです。

ここまでできたら、一覧画面の表示データのカスタマイズは終了です。

column

Sort関数とSortByColumns関数

Power Appsには、ソートできる関数が2種類存在します。Sort関数と、SortByColumns関数です。Sort関数は、並び替えの条件として1つの列を指定するか、数式を指定することができます。1つの列は先ほど紹介しましたが、数式とは一体どういうことなのでしょうか。

例えば、以下のような"成績"という名のSharePoint Onlineカスタムリストがあります。列名の下の括弧は、列を作成する際にはじめに付けた英語の列名です。

名前 (name)	国語 (japanese)	算数 (math)	英語 (english)
阿部 一郎	80	50	60
伊藤 二葉	80	100	40
上田 三郎	60	70	40
遠藤 四郎	80	30	90
大西 五郎	60	80	90

このテーブルを、「3科目の合計点の高い順に並べたい」という場合に使えるのがSort関数で数式を指定する方法です。

```
Sort(成績, 国語 + 算数 + 英語, Descending)
```

名前 (name)	国語 (japanese)	算数 (math)	英語 (english)
大西 五郎	60	80	90
伊藤 二葉	80	100	40
遠藤 四郎	80	30	90
阿部 一郎	80	50	60
上田 三郎	60	70	40

　これで、3科目の合計点の高い順に並べることができます。第2引数が数式(3
つの列の足し算)になっています。このように、Sort関数は1つの列を指定する
以外にも、数式を使用して列の並び替えを行うことができます。便利ですよね。
　このように高度なSort関数ですが、Sort関数にも苦手なものがあります。そ
れは、2つ以上の要素で並び替えをする場合です。
　Sort関数で2つ以上の列を並び替えに指定したい場合は、入れ子にする必要
があります。

```
Sort(Sort(成績, 算数, Descending), 国語, Descending)
```

名前 (name)	国語 (japanese)	算数 (math)	英語 (english)
伊藤 二葉	80	100	40
阿部 一郎	80	50	60
遠藤 四郎	80	30	90
大西 五郎	60	80	90
上田 三郎	60	70	40

　これで、最優先される列に国語を、次に優先される列に算数を指定して並べ
ることができます。国語の同じ点数内で、算数が高い順に並んでいます。ただ、
あまり格好よくないですね。そんな時に使えるのが、もう1つのソート関数であ
る、SortByColumns関数です。

● 構文

SortByColumns(テーブル, 列名1 [, ソート順1, 列名2, ソート順2, ...])

　並び替えたいデータが保存されているテーブルを第1引数に指定します。データソースもテーブルですので、ここにはデータソース名を書くこともできます。第2引数、第3引数には並び替えたい列名とそのソート順を指定します。この列名とソート順のペアを並べていくことで、複数の列でソートを行うことができます。SortByColumns関数の特徴は、このように第4引数以降を利用して2つ以上のソート列を指定できる点です。

　先ほどSort関数を入れ子にした式を、SortByColumns関数で書き替えてみましょう。

```
SortByColumns(成績, "japanese", Descending, "math",
Descending)
```

名前 (name)	国語 (japanese)	算数 (math)	英語 (english)
伊藤 二葉	80	100	40
阿部 一郎	80	50	60
遠藤 四郎	80	30	90
大西 五郎	60	80	90
上田 三郎	60	70	40

　あれ？　列名の指定が先ほどのSort関数と異なりますね。実は、SortByColumns関数では、列名を"内部名"で指定する必要があります。

　"内部名"とは、SharePoint Onlineカスタムリストでいう「列を作成する際に命名する列名」のことで、本書の中でアルファベットにするようお伝えしたものです。また、内部名はダブルクォーテーションで囲う必要があります。

　SortByColumns関数には、もう1つ特徴的なソート機能があります。まずは例を見てみましょう。先ほどのテーブルに、試験会場の列を追加したものです。

名前 (name)	国語 (japanese)	算数 (math)	英語 (english)	試験会場 (place)
阿部 一郎	80	50	60	大阪
伊藤 二葉	80	100	40	東京
上田 三郎	60	70	40	大阪
遠藤 四郎	80	30	90	福岡
大西 五郎	60	80	90	東京

　これに対して、東京と大阪の試験会場で受験した人が上位にくるように並べます。

```
SortByColumns(成績, "place",["東京", "大阪"])
```

名前 (name)	国語 (japanese)	算数 (math)	英語 (english)	試験会場 (place)
伊藤 二葉	80	100	40	東京
大西 五郎	60	80	90	東京
阿部 一郎	80	50	60	大阪
上田 三郎	60	70	40	大阪
遠藤 四郎	80	30	90	福岡

　このように、SortByColumsはソート順としてテーブルを指定することで、テーブルの値の順番で並べることもできます。まとめると、以下のようになります。

	Sort関数	SortByColumns関数
並び替えできる列	1つ	複数
列名の指定方法	表示名	内部名（ダブルクォーテーションで囲う必要あり）
計算式の利用	可能	不可能
ソート順の指定	昇順 or 降順	昇順 or 降順 or 指定順

5 一覧画面から不要なものを排除する

　もう少し、自動生成アプリのカスタマイズは続きます。次は「このコントロールはいらないな」という対象をどうするか？です。単純に削除してしまうのもアリですが、他にも手段があるかもしれませんよ。

必要ない項目を消すか？　消さないか？

　Power Appsで自動生成されたアプリの一覧画面には、必ず検索機能が付与されてきます。どうやら、その必要性について悩んでいるようです。

　「ぶっちゃけ、残業申請アプリだと検索なんてしないんだよなぁ。でも、あれば便利なんだろうか？う〜ん……どうしよう。」どうにも決心がつかないようです。

　「そうだ。この前、関数を調べていたら、SNSで"#PowerApps"とか"#PowerApps初心者"ってハッシュタグつけてつぶやくと助けてくれるかもしれない、って情報みたな。試してみるか」

　業務に関わるアプリなので詳細は記載せず、悩んでいる内容を発信してみました。すると、すぐにレスがついていきます。

　「必要ないなら消しちゃえばいいんじゃない？」

　「自動生成アプリがベースなんですよね？　あれ、コントロールの位置が相対的なので削除するとき注意です！」

　「物理削除じゃなくて、非表示にするという策もあるのでは」

　"そんなコトで悩んでるの？"といった冷たい反応があるかも……と内心ビクビクしながら投稿したのですが、前向きで有用なアドバイスがどんどん集まってきました。

　「すごいなー。この人たち、コミュニティ勉強会もやってるんだ。僕もチャンスがあれば参加してお礼を伝えよう！」アドバイスをしてくれた顔も知らない仲間たちに感謝の返信をしながら、フォローボタンを押していきます。

　「あ、いっけね。本題を忘れるところだった。不要なコントロールは削除するか非表示が良い、っと。ただ削除するときは位置が相対的？だか

ら気をつけろって書いてあった。相対的とは？」

「悩んだって仕方ない。試してみよう！ ダメなら Ctrl＋zで戻すだけだ！」やっと決心がついたようです。

不要な項目を除外する2つの方法

画面上から不要なコントロールを除外していきます。

▶ 使用しないコントロールを非表示にする

まずは並び順を切り替えるアイコンから始めます。ただ、今後の要望によっては、並び替える可能性もゼロではなさそうです。このように、表示はしたくないけど使いたいときに使えるように取っておきたい場合は、非表示にするという方法があります。

①並び順を切り替えるアイコンを選択し、画面右側のプロパティの［表示］をオフにします。または、Visibleプロパティをfalseに設定します。

図2.53　コントロールの［表示］をオフに

こうすることでコントロールは非表示となりクリックできなくなりますが、使用したい時に表示に切り替えて使用することができます。

▶ 使用しないコントロールを削除する

続いて検索機能の部分です。こちらは今後も使う可能性が無いので、思い切って削除しましょう。自動生成されたコントロールのうち、以下をツリービューから選択し、削除します。

①PowerPointのように、CtrlキーまたはShiftキーを押しながら複数（Rectangle11／SearchIcon1／TextSearchBox1）選択し、Deleteキーで削除することができます。

図2.54　複数選択して削除

おーっと！　なぜかギャラリーコントロールの位置が画面の上部に移動してしまいました。画面右上の［アプリチェック］-［数式］をクリックすると、4つのエラーが発生していることが分かります。

序章
第1章
第2章
第3章
第4章
第5章
PowerAppsで業務効率化〜残業申請編〜

図2.55　4つのエラーが発生

②先ほど表示されたエラーをクリックします。ギャラリーコントロールのYプロパティでエラーが発生しています。

　よく見ると、先ほど削除したTextSearchBox1のプロパティを参照している式であることが分かります。削除したことで値が取得できなくなりエラーになったようです。
　TextSearchBox1.Y + TextSearchBox1.Heightは、図のようにTextSearchBox1の下の位置のY座標を示していて、ギャラリーコントロールがTextSearchBox1の底辺に追従するようになっていたんですね。

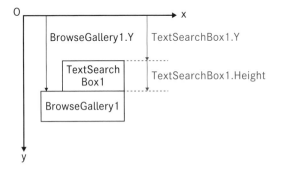

図2.56　ギャラリーコントロールのYプロパティの式が示す位置

③ここでは、ギャラリーコントロールの真ん中上部の丸をドラッグして画面上部の青いバーの下に配置しましょう。

コントロールの位置を手動で動かすと、ギャラリーコントロールのYプロパティは自分で設定した数値に変わり、エラーが解消されます。

図2.57　ドラッグして配置

これでようやく一覧画面のカスタマイズは終了です。

6　編集フォームをカスタマイズする

やっと一覧画面のカスタマイズが終わりました。続けて、データを登録、更新、削除する画面をカスタマイズして、どんどん業務で使える状態に近づけていきましょう。

物足りない画面たち

　詳細表示の画面は、それほど難しくみえません。それよりも、新規作成と編集2つの役割を1画面で担当している新規・編集画面を先にやろうとJは考えました。
　一覧画面と同様に自動生成されたアプリの画面をみると気になる点がいくつも出てきます。例えば、承認・却下は承認者が実施する行為です。申請者で操作できてしまったら問題になりかねません。

序章
第1章
第2章
第3章
第4章
第5章
Power Appsで業務効率化〜残業申請編〜

「自分で申請して、自分で承認できたら楽なんだけどさ！」笑いながら、修正すべき箇所や内容をメモしていきます。

　「一覧画面で"自分の申請だけ表示"にしたよなー。ってことは、申請するのも常に操作している利用者なんだから、いちいち"申請者を入力してください"って不親切か」

　「ん？　申請日か。たまーに、急ぎの仕事頼まれて残業申請出せない事があったんだよな。"申請なんていらないから特急で対応しろ！"とか上司はいうけど、結局は後になって過去日の申請を提出しろ！っていうんだよ。ってことは、日付も変更できるようにしておかなきゃだけど……、初期表示はシステム時間、つまり今日でしょ」

　「データ設計で残業時間の合計を入れてもらおうって考えたけど、アプリの画面だと選択式のほうが楽じゃないかな？　そもそも、利用者が自由に入力できたら100時間とか申請できちゃうもんなぁ」

　やはり、実際の利用者目線を想像し、業務で利用するシーンを考えると自動生成されたアプリでは少し物足りない部分がでてきます。Jは一覧画面から少し難易度が高そうな編集画面のカスタマイズに着手しました。

■ 新規作成画面と編集画面のカスタマイズ

　自動生成アプリはシステムが判断して作ってくれるアプリです。そのため、アプリ生成された直後では業務で必要な項目が画面上にないこともあります。逆に不要なコントロールがあるかもしれません。そんな時はカスタマイズしちゃいましょう。

▶ 項目を削除／追加／変更する
　入力・編集不要な項目の削除や、必要な項目の追加を行います。

　　①ツリービューで、［EditScreen1］の編集フォームコントロール
　　　［EditForm1］を選択します。

図2.58 ［EditForm1］を選択

②画面右側のプロパティの［フィールドの編集］をクリックします。

フィールドウィンドウという領域が表示されます。タイトルや残業時間などの各フィールドは、データソースに準備した列のことを指しています。

図2.59 ［フィールドの編集］をクリックするとフィールドウィンドウという領域が表示される

③フィールドの右端にある三点リーダー（…）をクリックし、［削除］をクリックして不要なフィールドを削除します。

タイトルは今回使わないので不要です。自分の申請を自分で承認はさせないので、承認者メールアドレス、承認者コメント、承認状況もこの編集フォームでは不要です。

序章
第1章
第2章
第3章
第4章
第5章
PowerAppsで業務効率化〜残業申請編〜

図2.60　不要なフィールドを削除

4つのフィールドが残りました。

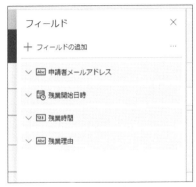

図2.61　4つのフィールドが残った

なお、ここで削除したフィールドはアプリ利用時にデータ登録・更新が行われません。

SharePoint Onlineカスタムリストで必須入力に設定されている列を削除すると、アプリからデータを登録する際にに必要な情報が不足しているとエラーが表示されますので、ご注意ください。

誤って必要なフィールドを削除してしまった場合や、追加で必要なフィールドがある場合は、フィールドウィンドウで［フィールドの追加］をクリックします。追加可能なフィールドが表示されますので、必要なフィールドを選択し、［追加］をクリックします。

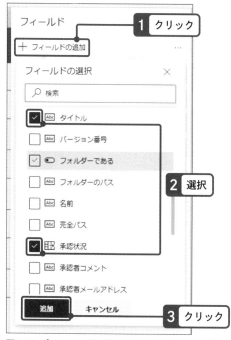

図2.62 ［フィールドの追加］をクリックし、必要なフィールドを選択して［追加］をクリック

　並び順は、フィールドウィンドウ上で並べ替えたいフィールドをドラッグ＆ドロップすることで並べ替えることができます。今回は変えずに進みます。

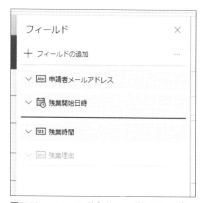

図2.63　フィールドをドラッグ&ドロップして並べ替え

残業理由がちょっと狭いので、コントロールを変えてみましょう。

④フィールドウィンドウで［残業理由］をクリックし、コントロール
の種類で［複数行テキストの編集］をクリックします。

図2.64　［残業理由］をクリックし［複数行テキストの編集］を選択

縦幅が広がりましたね。

図2.65　[残業理由] の縦幅が広がった

column

カードコントロールとは？

　ツリービューを見てみましょう。編集フォームコントロールの配下には、[DataCard] なるものがいくつか表示されていますね。

　これはカードコントロールといって、各フィールドに必要なラベルコントロールなどをまとめているものです。各カードコントロールは各フィールドと対応しているため、フィールドを追加／削除することで、対応するカードコントロールが自動で追加／削除される仕組みです。

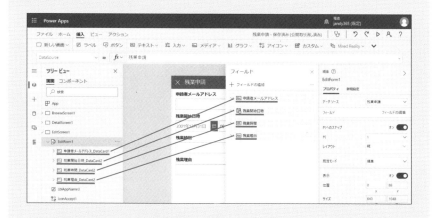

カードコントロールには、他のコントロールにもある色や座標のプロパティの他に、データソースの列に関する以下の情報を保持しています。

プロパティ	役割
DataField	データソースの列の内部名
DisplayName	列の表示名
Required	必須入力かどうか
Default	デフォルト値は何か
Update	登録時に何の値を送信するか
MaxLength	テキストの最大文字数はいくつか（テキスト型の場合）

　カードコントロールの配下には、主に以下のコントロールが配置されています。DataCardValueのコントロールは、フィールドウィンドウで変更することができます。

プロパティ	コントロールの種類	役割
StarVisible	ラベルコントロール	必須入力項目の場合は*を表示
ErrorMessage	ラベルコントロール	入力内容に誤りがある際にエラー内容を表示
DataCardValue	列の型によって異なる	データ入力
DataCardKey	ラベルコントロール	列名を表示

　カードコントロールやその配下にあるコントロールのプロパティを修正したい場合は、ロックを解除する必要があります。

なお、一度ロックを解除すると、フィールドウィンドウ上でコントロールの変更ができなくなります。解除したロックは元には戻せません。フィールドウィンドウ上でコントロールの変更を行いたい場合は、該当のカードを削除し再度フィールドウィンドウからフィールドを追加してください。

▶ 申請者メールアドレスのデフォルトを自身のメールアドレスにする

残業申請は本人が行うので、申請者メールアドレスには自身のメールアドレスが自動で入力されるようにしましょう。

①カードコントロール［申請者メールアドレス_DataCard2］を選択し、［詳細設定］の［プロパティを変更するためにロックを解除します。］をクリックします。

図2.66 ［詳細設定］タブの［プロパティを変更するためにロックを解除します。］をクリック

②メールアドレスを入力するのはカードコントロール内にあるテキスト入力コントロールです。テキスト入力コントロールを選択します。

図2.67　テキスト入力コントロールを選択

デフォルト値はDefaultプロパティで定義されています。ん？　見慣れない記載がされていますね。`Parent.Default`って一体何なのでしょうか？

column

コントロールには親がいる？

　アプリの編集画面で［Parent］という言葉がプロパティに設定されているのを見かけると思います。"Parent"は直訳すると「親」です。その名の通り、コントロールには親がいます。

　ツリービューを見てみましょう。いくつか階層があることに気付くはずです。例えば以下の図の場合、

- ［DataCardValue2］の親は［申請者メールアドレス_DataCard1］
- ［申請者メールアドレス_DataCard1］の親は［EditForm1］
- ［EditForm1］の親は［EditScreen1］

となります（Screenは最上位なので親を持ちません）。

　図の［DataCardValue2］のDefaultプロパティの`Parent.Default`は、すなわち［DataCardValue2］の親である［申請者メールアドレス_DataCard1］のプロパティであり、**申請者メールアドレス_DataCard1.Default**と同じです。

　これは何も難しい話ではなく、コントロール名.プロパティ名で任意のコントロールのプロパティの値を取得できるのと同じ話です。コントロールのプロパティの参照方法をまとめてみましょう。

取得したい値	書き方
任意のコントロールのプロパティ	コントロール名.プロパティ名
自分のコントロールのプロパティ	Self.プロパティ名
親のコントロールのプロパティ	Parent.プロパティ名

※子のコントロールを参照することはできない

　理解を深めるために、他の［Parent］を探してみましょう。例えば［EditScreen1］の［EditForm1］のWidthプロパティには、`Parent.Width`と書かれています。

[EditForm1] の親は [EditScreen1] です。この [EditForm1] の幅は親で あるスクリーンの幅と同じになるよう設定されているため、画面サイズを変更 した際に [EditForm1] の幅を手で修正しなくてもいいんですね。

このように、他のコントロールのプロパティを参照することで、参照元のコ ントロールを修正した際に参照先のプロパティが自動で更新され、メンテナン スしやすくなるというメリットがあります。

先ほどのテキスト入力コントロールは、親であるカードコントロールの Defaultプロパティを参照していることが分かりました。よって、カードコ ントロールのDefaultプロパティを修正した方がよさそうですね。

では、カードコントロールのDefaultプロパティを見てみましょう。現在 はThisItem.申請者メールアドレスが入力されています。

図2.68　申請者メールアドレスのカードコントロールのDefaultプロパティ

ThisItemは一覧画面のギャラリーコントロール内に配置された各コント
ロールで出てきました。ギャラリーコントロールでは、「各コントロールの
ThisItem」は「親であるギャラリーコントロールのItemsプロパティで定義
されたテーブルの各レコード」に紐づいていたことを覚えていますか？

　この考え方は、今回の編集フォームコントロールでも同様です。「カード
コントロールのThisItem」は「親である編集フォームコントロールのItem
プロパティで定義されたレコード」に紐づいています。編集フォームコント
ロール［EditForm1］のプロパティを見てみましょう。

　ItemプロパティにBrowseGallery1.Selectedが入力されています。
これは、「ギャラリーコントロールで選択されたレコード」を意味していま
す。理解を深めるために、図で表現してみます。

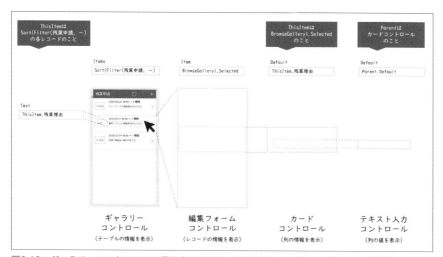

図2.69　ギャラリーコントロールで選択されたレコードと編集フォームコントロールの関係

　ThisItemはBrowseGallery1.Selectedのことなので、カードコントロールの
「**ThisItem.申請者メールアドレス**」は「**BrowseGallery1.Selected.申請
者メールアドレス**」となります。

　新規作成時はギャラリーコントロールで選択をしないのでこの値は空にな
りますが、編集時はギャラリーコントロールで選択されたレコードの申請者
メールアドレスがデフォルト値となります。

ちなみに、ギャラリーコントロールは複数レコードを表示するものなのでItems（複数形）、編集フォームコントロールは1つのレコードの情報を編集するものなのでItem（単数形）です。

カードコントロールのDefaultプロパティの意味が分かったところで、このプロパティを修正します。今回のケースではこのアプリを使って他人の残業を申請したり修正したりすることは想定していないため、常に本人のメールアドレスが入力されるようにします。

　③申請者のメールアドレスのカードコントロールのDefaultプロパティに、`User().Email`を入力します。

図2.70　カードコントロールのDefaultプロパティ

常に自動入力されるので、表示しておく必要はありません。

　④申請者メールアドレスのカードコントロールのVisibleプロパティをfalseにして、非表示にします。大丈夫、削除はしていませんのでデータはきちんと登録されます。

図2.71 Visibleプロパティをfalseに

> ※図では残業開始日時のカードコントロールが選択されているように見え
> ますが、実際には非表示となった申請者メールアドレスのカードコント
> ロールが選択されています。

▶残業開始日時のデフォルトを今日の日付にする

残業を申請するのは当日が多いと予想されるので、新規登録する際に最初
から今日の日付が選択されていると便利です。また、残業を開始する時間も
勤務者の傾向に合わせてデフォルト値を決めるとよいです。本書では18時と
します。

> ①カードコントロール［残業開始日時_DataCard2］を選択し、［詳細
> 設定］の［プロパティを変更するためにロックを解除します。］をク
> リックします。

デフォルト値は、カードコントロールのDefaultプロパティで定義されて
います。現在は**ThisItem.残業開始日時**が入力されています。

序章
第1章
第2章
第3章
第4章
第5章
PowerAppsで業務効率化 ～残業申請編～

図2.72 カードコントロール［残業開始日時_DataCard2］のDefaultプロパティ

　申請者メールアドレスと同様に、一覧画面で選択されたレコードの指定列
の値を呼び出している式になります。新規作成モードの場合は、一覧画面で
選択する操作がないため、デフォルトは日付未選択、時刻はドロップダウン
リストの先頭の00となります。

　　②今日の18時がデフォルトになるよう、カードコントロール［残業開
　　　始日時_DataCard2］のDefaultプロパティに**Today() + Time(18,**
　　　0,0)を入力します。

図2.73 Defaultプロパティに入力

　新たな関数、Today関数とTime関数の登場です。Today関数は、今日の
日付を返してくれる関数です。引数は不要です。

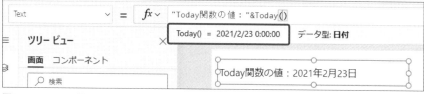

図2.74　Today関数

序章

第1章

第2章

第3章

第4章

第5章

P
o
w
e
r
A
p
p
s
で業務効率化
〜残業申請編
〜

● 構文

Today()

Today関数の値は、ラベルコントロール上は年月日のみですが、数式バーを見ると今日の0時0分を返していることが分かります。

続いてTime関数です。時間、分、秒の値を引数として渡すと、時刻の値を返してくれる関数です。

● 構文

Time(時間, 分, 秒)

これらを組み合わせることで、今日の18時を設定できるようになっているんですね。ただ、この設定方法には1つ注意点があります。

試しに、すでに登録されている過去の日付の申請を一覧で選択し、編集してみましょう。登録情報は過去の日付なのに、新規・編集画面では今日の18時になってしまいます。

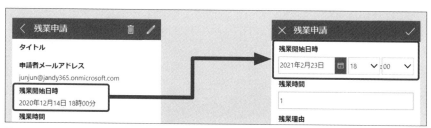

図2.75　編集時も今日の18時になってしまう

デフォルトの設定を強制的に今日の18時としたために、編集する際に登録されたデータを持ってくる処理がなくなってしまったんですね。つまり、新規登録時は今日の18時にし、編集時は登録されている日時にする必要があります。このような場合はIf関数を使用することで実現が可能です。

> ③カードコントロール［残業開始日時_DataCard2］のDefaultプロパティに、If(EditForm1.Mode = New, Today() + Time(18, 0,0), ThisItem.残業開始日時)
> を入力します。

図2.76　［残業開始日時_DataCard2］のDefaultプロパティ

　フォームコントロール名.Modeとすることで、"新規作成モード"か"編集モード"かを取得することができます。このモードがNewの場合、すなわち新規作成モードの場合は先ほど設定した"今日の18時"に設定し、Newでない場合は最初に記載されていた"登録されている値"を設定しています。

▶残業時間をドロップダウンで選べるようにする

　申請は1時間単位で管理している前提ですすめます。選択式にして、デフォルトを1時間にすれば、1時間だけ残業申請する人はタップ不要になります。

> ①編集フォームコントロールEditForm1を選択し、プロパティの［フィールドの編集］をクリックしてフィールドウィンドウを開きます。

図2.77 ［フィールドの編集］

② ［残業時間］をクリックし、コントロールの種類で［許可値］をク
リックします。

図2.78 許可値

これで入力コントロールをドロップダウンコントロールに変更できます。

図2.79 ドロップダウンコントロールに変更

これだけではドロップダウンの選択肢が空なので、選択肢を設定します。

③残業時間のカードコントロールの詳細設定で［プロパティを変更する
ためにロックを解除します。］をクリックしてロックを解除します。

④残業時間のカードコントロールのAllowedValuesプロパティに
［1,2,3,4,5,6］を入力します。7時間以上を許容したい場合は、
数字の間をカンマで区切って数字を追加してください。

図2.80　残業時間のカードコントロールのAllowedValuesプロパティ

ドロップダウンの右側に単位を表示させましょう。

⑤ドロップダウンコントロールの右側中央の丸をドラッグして幅を狭
めます。

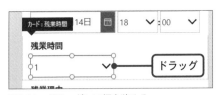

図2.81　ドラッグして幅を狭める

⑥ドロップダウンコントロールが選択された状態で、［挿入］-［ラベル］
をクリックしてラベルコントロールを追加し、ドロップダウンコン
トロールの右側に配置します。

図2.82　追加したラベルコントロールをドロップダウンコントロールの右側に配置

⑦追加したコントロールのTextプロパティに"時間"と入力します。

図2.83　Textプロパティ

　最後に、デフォルト値を設定しておきましょう。デフォルト値は、残業時間のカードコントロールのDefaultプロパティで定義されています。現在はThisItem.残業時間が入力されています。

　新規作成モードの際にデフォルト値を固定したい場合は、先ほどと同様にIf関数を用いて、If(EditForm1.Mode = New, 1, ThisItem.残業時間)のように設定します。

序章
第1章
第2章
第3章
第4章
第5章
PowerAppsで業務効率化〜残業申請編〜

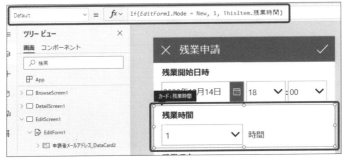

図2.84　If関数を設定

　こうすることで、新規作成モードでは必ず1が選択され、編集モードでは登録されていた時間が選択されるようになります。

　これで新規・編集画面はひとまず終了です。

7 詳細表示画面をカスタマイズする

　いよいよ残業申請アプリのカスタマイズ、最後の1枚です。今まで主人公と一緒に学んできてくれた皆さんであれば難しいことはないと思います。さぁ、仕上げとまいりましょう。

残業申請アプリ最後の画面

　残業申請アプリのカスタマイズも、いよいよ最後の画面を残すのみとなりました。これまでと同様に、利用者の気持ちを想像しながら業務の運用シーンをイメージします。

　「新規・編集画面で変更したように、承認者が操作すべき箇所は削除して……」修正する画面が3枚目ともなると、熟練度も上がってきているようです。

　「あ、そうだ。承認者がデータソース上はメールアドレスだったんだけど、アプリの表示はやっぱり上司の名前にしておこう」

　上司のメアドなんて覚えてないもんね！と心の中で思いながら J は修正を進めます。カスタマイズの途中で登場した関数などを調べながら、試しながらすすめてきましたが、それでも僅か数日で最後の画面までたどり着いています。

　「これ、開発ベンダーさんに依頼してたら絶対このスピードでは作れてないよな……」改めて、Power Apps のスピード感を実感します。

　「そりゃ、多少見てくれが悪かったり、本格的なプログラミング言語で作られたアプリには及ばない点があるかもしれない。しかも、素人同然の自分が作ってるんだから、バグも残ってるかもしれない。だけど、改善したい業務にはこれで必要十分だよな！」

　実際に自分の手を動かして作ったアプリです。J は少しの不安と、業務改善への大きな期待を胸にアプリを保存して公開しました。

詳細表示画面のカスタマイズ

　詳細表示の画面も、前章と同様に必要なコントロールを配置するように修正していきます。

▶項目を削除/追加する
表示不要な項目の削除や、必要な項目の追加を行います。

①［DetailScreen1］の表示フォームコントロール［DetailForm1］を選択します。
②画面右側のプロパティの［フィールドの編集］をクリックしてフィールドウィンドウを表示します。

図2.85 ［フィールドの編集］をクリックしてフィールドウィンドウを表示

③フィールドの右端にある三点リーダー(…)をクリックし、［削除］を
クリックして不要なフィールドを削除します。

　タイトルは今回使わないので不要です。自分の申請しか表示しないので、
申請者メールアドレスも不要です。6つのフィールドが残りました。

図2.86　6つのフィールドが残った

④［フィールドの追加］をクリックします。

追加可能なフィールドが表示されますので、必要なフィールドを選択し、［追加］をクリックします。今回は、いつ申請されたのかが確認できるよう、登録日時を追加します。

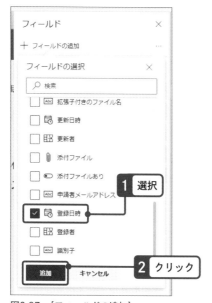

図2.87　［フィールドの追加］

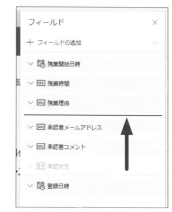

図2.88　並べ替えできる

　並び順は、フィールドウィンドウ上で並び替えたいフィールドをドラッグ&ドロップすることで並べ替えることができます。

編集フォームコントロールと表示フォームコントロール

　フォームというと、情報を入力する画面をイメージしますよね。第1章で紹介
した通り、Power Appsには編集フォームコントロールの他に、表示フォームコ
ントロールがあります。

　フィールドウィンドウやツリービューを確認すると、表示フォームコントロ
ールは編集フォームコントロールと同じような構成となっています。あたかも
編集フォームのすべての項目を表示専用にしたかのようなこのコントロールが、
Power Appsの表示フォームコントロールです。

　2つのフォームコントロールの違いは、カードコントロール配下のコントロ
ール数です。表示フォームコントロールでは入力作業を行わないため、入力時
に必要なコントロールが設けられていません。

コントロール名	役割	表示フォーム コントロール	編集フォーム コントロール
StarVisible	必須入力項目の場合は*を表示	×	○
ErrorMessage	入力内容に誤りがある際に エラー内容を表示	×	○
DataCardValue	データ入力	○	○
DataCardKey	列名を表示	○	○

▶ 承認者の名前を表示する

　承認者がメールアドレスだと、誰が承認したのかが分かりづらいかもしれ
ません。ここでは、Office365ユーザーコネクタを利用して、メールアドレ
スからユーザー名を抽出し表示する方法を紹介します。

　① ［ビュー］-［データ ソース］をクリックし、［データの追加］をク
　　リックします。

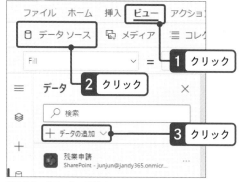

図2.89　[データの追加]

②検索窓に"Office"と入力し、[Office 365 ユーザー]をクリックしま
す。

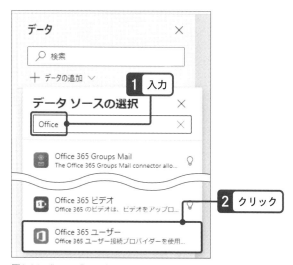

図2.90　"Office"と入力

③[Office 365 ユーザー]がもう一度出てくるので再度クリックします。

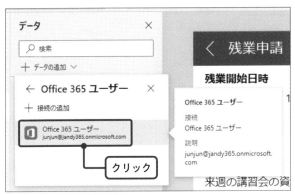

図2.91 [Office 365 ユーザー]を再度クリック

④[データ]の一覧に追加されたら成功です。並び順は関係ありません。ツリービューのアイコンをクリックしてツリービューを表示させます。

図2.92 [データ]の一覧に追加された

図2.93 ツリービューのアイコンをクリック

⑤カードコントロール[承認者メールアドレス_DataCard1]を選択し、[詳細設定]の[プロパティを変更するためにロックを解除します。]をクリックします。

⑥カードコントロール［承認者メールアドレス_DataCard1］のDefault
プロパティをOffice365ユーザー.UserProfileV2(ThisItem.
承認者メールアドレス).displayNameのように設定します。
※"displayName"の頭文字dは小文字です。

図2.94　Defaultプロパティを設定

　社員名が表示されましたね。表示されずエラーアイコンが表示されている
場合は、一覧画面に戻ってアプリを再生し、承認または却下されているレコ
ードを選択してみてください。それでは、中身を見ていきましょう。

　Office365ユーザーコネクタは、ユーザー情報を検索する関数や、上司や
部下の情報を取得する関数など、Office365のユーザー情報に関するいくつ
かの関数を有しています。今回使用したUserProfileV2関数はその1つで、メ
ールアドレスやユーザープリンシパル名を検索し完全に一致するユーザー情
報をレコード型で返してくれます。

● 構文

**Office365ユーザー. UserProfileV2(メールアドレスまたはユー
ザープリンシパル名)**

引数には検索したいユーザーのメールアドレスを入れると覚えておけばOKです。今回は引数に**ThisItem.承認者メールアドレス**を指定することで、登録されたメールアドレスに合致するユーザーの情報を取得しています。

さらに、UserProfileV2関数の後に"**.displayName**"と書くことで、取得したユーザー情報の中からdisplayNameの値を取得しています。図で表すとこんなイメージです。

Office365ユーザー.UserProfileV2(ThisItem.承認者メールアドレス)

mail ichiro-abe@xxx.com	displayName 阿部　一郎	department 営業部	mobilePhone 090-1111-2222

Office365ユーザー.UserProfileV2(ThisItem.承認者メールアドレス).displayName

mail ichiro-abe@xxx.com	displayName 阿部　一郎	department 営業部	mobilePhone 090-1111-2222

図2.95　登録されたメールアドレスに合致するユーザーの情報を取得

承認者名を表示する処理に、もうひと手間加えます。未承認の場合は承認者メールアドレスが空欄になるのですが、UserProfileV2関数は検索結果が見つからない場合はエラーになってしまいます。

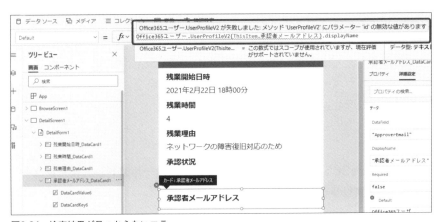

図2.96　検索結果が見つからないエラー

このままでも動作はするのですが、未承認のレコードを選択すると画面上にエラーが表示されてしまいます。以下の方法でエラーを回避しましょう。

⑦承認者メールアドレスが空の場合は空白を表示させるため、カードコントロール［承認者メールアドレス_DataCard1］のDefaultプロパティを以下のように書き換えます。

```
If(IsBlank(ThisItem.承認者メールアドレス), Blank(), Office365ユーザー.UserProfileV2(ThisItem.承認者メールアドレス).displayName)
```

図2.97　エラーが表示されない

承認者メールアドレスが空の場合でもエラーが表示されなくなりました。

Blank関数は空（から）を返してくれる関数で、何も表示したくない時などに使用します。引数は不要で、Blank()のように使用します。

序章
第1章
第2章
第3章
第4章
第5章

PowerAppsで業務効率化〜残業申請編〜

続いてIsBlank関数は、引数の値が空の場合にtrueを返す関数です。つまり、承認者メールアドレスが空の場合はIf関数の条件がtrueとなります。trueの場合はBlank()にして何も表示しないようにし、falseの場合は先ほどの`Office365ユーザー.UserProfileV2(`〜の結果を表示するようにしました。

　承認者メールアドレスの内容を表示名にしたので、列名の表示を変えておきましょう。

　　⑧承認者メールアドレスのカードコントロールのDisplayNameプロパティを"承認者"に書き換えます。

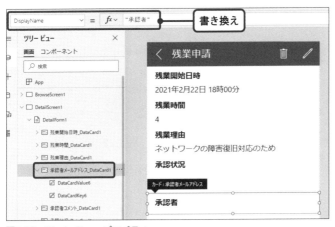

図2.98　DisplayNameプロパティ

　ここまでで、詳細画面もひとまず完了です。保存＆公開して一通り動きを確認してみましょう。

8 アプリの共有

Power Appsのアプリは作成して公開することで利用可能になる、でした。では、何もせずに他人もアプリが使える状態になっているんでしょうか？ソレはチョットセキュリティ的に問題になりそうですよね。実際はどうなのか確認してみましょう。

残業申請アプリができた!?

　ついにアプリが完成しました。すでに、上司には「Power Appsというソリューションで試してみたいコトがある」と説明して自社のMicrosoft 365テナント上でアプリ作成をする許可を得てあります。ですが、まだ全社的な話題にはなっていません。

　ひとまず、その上司に報告がてら動作を見てもらいます。

　「うん、いいんじゃないかな。スマホでも利用できるのは便利そうだ。これ、ほんとにJさんが作ったの？」上司もPower Appsのポテンシャルに驚いているようです。

　「この後どうしようか相談したくて。いきなり全社展開ってワケにもいかないかな、と悩んでまして……」

　「そうだな。まずは情報システム部と、あとは"話がしやすい"総務か営業の少数で試してみようか」

　人数を絞った検証を実施することになりました。上司と相談しながら、参加してもらう社員を選び、簡単な説明をしてアプリを実際に使ってもらいます。期待と不安を感じながら、Jはアプリを共有しました。

作成したアプリの共有

　Power Appsで作成したキャンバスアプリは、共有することで他の方も利用したり編集したりすることができます。ここでは、Power Appsホームページから任意のアプリを共有する手順を紹介します。

①Power Appsホームページで画面左側の［アプリ］をクリックします。

図2.99　［アプリ］をクリック

②共有したいアプリを選択し、画面上部の［共有］をクリックします。

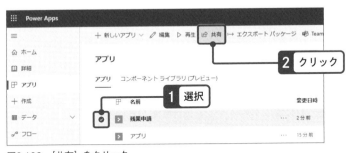

図2.100　［共有］をクリック

　アプリ名の部分をクリックするとアプリが再生されてしまいますので、アプリ名の真上以外の部分をクリックしましょう。

③アプリを共有したいユーザーの表示名やメールアドレスを画面左上の検索窓に入力します。

序章

第1章

第2章

第3章

第4章

第5章

PowerAppsで業務効率化～残業申請編～

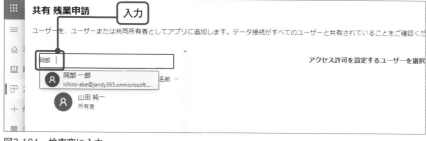

図2.101　検索窓に入力

3文字以上入力しないと検索結果が表示されません。

④表示された候補をクリックします。

⑤アプリの編集を許可するユーザーは［共同所有者］にチェックを入れます。

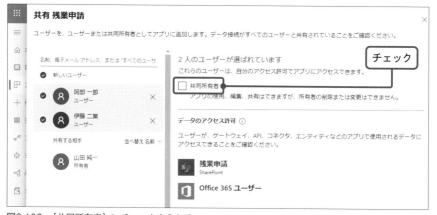

図2.102　［共同所有者］にチェックを入れる

共同所有者にチェックを入れたかどうかは、新しいユーザーの表示名の下で確認できます。

図2.103　チェックを入れたかどうか

⑥アプリを共有する際にユーザーにメールを送信したくない場合は、
画面右下の［新しいユーザーを招待メールを送信する］のチェック
を外します。

図2.104　メールを送信したくない場合はチェックを外す

⑦画面右下の［共有］をクリックします。

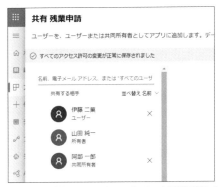

図2.105　［すべてのアクセス許可の変更が正常に保存されました］と表示される

　［すべてのアクセス許可の変更が正常に保存されました］と表示されたら
OKです。共有を解除したい場合は、ユーザー名の右側にある［×］をクリ
ックし、再度画面右下の［共有］をクリックしてください。

9 アプリのフィードバック対応

序章
第1章
第2章
第3章
第4章
第5章

Power Appsで業務効率化〜残業申請編〜

業務で利用するアプリの場合、利用者がアプリ作成者の想定を超えた使い方をする場合があります。また、作成者が気づかないポイントを指摘してくれる場合もあるでしょう。広くアプリを展開する前に、利用者目線でのフィードバックを得るようにダンドリできると良いと思います。

小さく試す

検証に協力してくれる社員を集めて、簡単な説明を実施しました。いきなり紙の運用を消滅させるコトもできません。なので、当面は今まで通り残業申請用紙への記入と、アプリのダブルエントリーになります。また、承認するアプリは作成していないので「申請する場面だけ」に特化した検証になりますが、早めに使ってもらってフィードバックを得よう、という作戦です。

「どんな評価になるかな。個人的にはとっても便利だと思うんだけどな！」Jはチョットだけ自信があるようです。

検証は、情報システム部、総務と営業から若干名です。稼働時間も異なるのでコミュニケーションを円滑にするため、アプリ検証チームをMicrosoft Teamsで作成しておきました。

説明も終盤にさしかかったところで、早速試そうとした社員がいたようです。

「あの、エラーが表示されるんですけど！」

「手順とエラーを確認したいので、もう1回お願いします！」

そんな、まさか！？と思いながら、声を上げた社員のところに駆け寄ったJは、焦りから早口になっていました。アプリを起動してもらった直後にエラーが表示されます。

「あー！ しまった。データソース側に権限与えてない！」どうやら、Jの準備不足だったようです。すぐにパソコンへ戻って設定を実施してエラーが解消されたことを確認し、説明会は終了しました。

翌日、早速アプリを使ってくれた方からチャットで感想が届いています。

「カレンダーで日付を選択しようとおもったら、キーボードが表示されました。ちょっと不便に感じました」
　「え？　何いってるの？」と思ったのですが、落ち着いて返信します。「ご意見ありがとうございます。利用したのはブラウザーですか？　それともスマホからですか？」
　「スマホです。タップしてもカレンダー出てこないみたいです。」
　スマートフォンで早速利用してくれたようです。自分でも確認したくて、スマートフォンを取り出しました。

　なるほど、日付アイコンの部分をタップするとカレンダーが表示されますが、日付の数字の部分をタップすると入力モードになってカレンダーは表示されません。
　「気にしてなかったけど、これは確かにチョット嫌かもしれないな」
　いきなり全社に展開せずに、このような気づきが得られることに感謝しながら、Jは修正が可能か調査を始めました。

共有したアプリとデータソースの関係性

アプリを共有された利用者は、その時点からアプリを実行することが可能になります。ただ、データソースへのアクセス権などは、基本的にPower Appsから操作することはできません。そのため、アプリが接続しているデータソースへのアクセス権などもあわせて設定しておく必要があります。

▶ 利用者のアクセス権をデータソースへ付与する

データソースへ利用者がアクセスできない場合、アプリを共有するだけでは利用できない場合があります。本書の場合はSharePoint Onlineのカスタムリストに対してアクセス権が無い場合、となります。

例えば、以前に作成したToDoアプリを他のユーザーへ共有した状態で、かつSharePoint Online側のアクセス権が付与されていない場合、以下のようなエラーになります。

図2.106　データソースへアクセスできない場合のエラー表示

上記エラーに遭遇した場合は、データソース側のアクセス権を見直してください。SharePoint Onlineのカスタムリストを利用している場合は、サイト自体に権限を追加するか、データソースとしているカスタムリストへのアクセス権を付与することで改善されます。SharePoint Onlineへの権限付与はいくつか方法がありますが、サイト全体へアクセス権を付与する方法を紹介しておきます。

①データソースにしている該当サイトを、サイトコレクションの管理者権限を持つユーザーで開きます。

②画面右上の［歯車］アイコンをクリック→［サイトのアクセス許可］をクリックします。

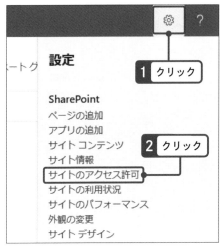

図2.107 ［サイトのアクセス許可］をクリック

③アクセス許可の画面に切り
替わるので、［高度なアク
セス許可の設定］をクリ
ックします。

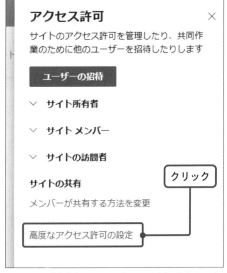

図2.108 ［高度なアクセス許可の設定］をクリック

④権限設定の画面が表示されるので、［アクセス許可の付与］をクリッ
クします。

図2.109 ［アクセス許可の付与］をクリック

⑤必要な項目を設定し、［共有］をクリックします。

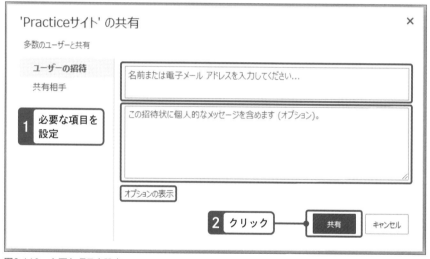

図2.110 必要な項目を設定

表2.7 設定する項目

No.	説明
①	追加したいユーザー／グループの名前、または電子メールアドレスを入力。複数入力可。
②	メール送信にて、権限が追加されたユーザーへ通知を実施したい場合のメッセージ入力欄。
③	追加オプションの表示。

序章
第1章
第2章
第3章
第4章
第5章
PowerAppsで業務効率化～残業申請編～

この状態で［共有］をクリックすると、権限を設定したユーザーに対して
メールが送信されます。メール送信を抑制したい場合は、［オプションの表
示］をクリックし、［電子メール招待状を送信する］のチェックを外してお
きましょう。

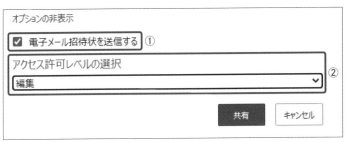

図2.111　オプションの設定

表2.8　設定する項目

No.	説明
①	権限を追加した旨をメールで送信するか否かを設定。
②	アクセス許可レベルを選択。

　なお、アクセス許可レベルの項目がSharePoint Onlineにおけるアクセス
権限の種類になります。必要に応じて適用する権限を選択してください。以
下に、標準で準備されている主なアクセス許可レベルを説明します。

表2.9　主なアクセス許可レベル

権限レベル	説明
フルコントロール	使用可能な権限がすべて含まれています。この権限レベルをカスタマイズしたり削除したりすることはできません。
デザイン	表示、追加、更新、削除、承認、カスタマイズができます。
編集	リストを追加、編集、削除できます。また、リストアイテムとドキュメントを表示、追加、更新、削除できます。
投稿	リストアイテムとドキュメントを表示、追加、更新、削除できます。
閲覧	ページとリストアイテムの表示、およびドキュメントのダウンロードができます。

Power Appsのアプリを利用する対象のユーザーが、基本的にデータソースからの参照のみであれば「閲覧」を、データソースへの書き込みも実施させたい場合は「投稿」を指定しておけば問題ありません。

▶ 日付の選択テキストを編集できないようにする

日付の選択コントロールには、テキストをキーボードで直接編集できる機能があります。この機能をOFFにしてみましょう。

①新規・編集画面にある日付の選択コントロールを選択し、IsEditable
プロパティをfalseに設定します。

図2.112　IsEditableプロパティをfalse

保存＆公開し、日付の数字の部分をタップした際にもカレンダーが表示されることを確認しましょう。

10 主に利用されるデバイスに合わせる

実業務にあわせて検証をしてもらうと、思わぬ改善点に気づくこともあります。アプリを利用するデバイスが、PCか、スマートフォンか、によっても違いが出ることがあります。さて、主人公の場合はどうなったでしょう。

検証期間も1週間ほど経過しました。そろそろ全体的に"まとめ"をして、問題なければ承認側のアプリ作成に着手かな？と思っていた矢先、追加の感想が届きます。

「一番初めに残業を申請しようとした際に、どこからどう申請すればいいのか迷った」え？　どういうこと？

話を聞くと、新規で申請する際に「画面右上の［＋］マークをタップする」ことが直感的に分かりづらいとのこと。同じ理由で、新規・編集画面で登録する際も「画面右上の［✓］マークをタップする」ことも分かりづらいというのです。

「いわれてみれば確かにそうかもしれない。上から順番に入力して、そのままボタンを押せたほうが便利だな」

「最近のスマートフォンは画面サイズが大きくて、画面上部のアイコンは片手ではタップしづらいって聞いたこともあるから、主な操作は画面の下の方でできるようにしてみよう」

自分では気づかなかったポイントに目から鱗が落ちる感覚を味わいながら、少し「そんなの1回やれば覚えるじゃん」と思ってしまいます。とはいえ、社員のITスキル不足を思い出したJは「同じような問い合わせが減らないと情シスとしても苦労が絶えない」と気づき、もう少し利用者に優しい画面へ改造することを決意しました。

スマートフォン向けのカスタマイズ例

最近のスマートフォンは大型化が顕著で、縦方向で持った時に画面上部にあるボタンを片手で押すのは手が大きくないとツライですよね。そういった「使い勝手」の改善も実施しておくと利用者に喜ばれます。

▶ クリック時の処理を別のコントロールに移植する

主な操作となる申請の追加や登録は画面の下の方で行えるようにしてみましょう。まずは一覧画面から。

① ［挿入］-［ボタン］からボタンコントロールを追加し、画面右下に
配置します。

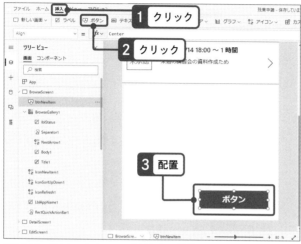

図2.113　ボタンコントロールを追加して配置

②ボタンコントロールのTextプロパティに**"新規申請"**を入力します。

図2.114　ボタンコントロールのTextプロパティ

③文字幅に合わせて、ボタンコントロールの横幅を縮めておきましょう。

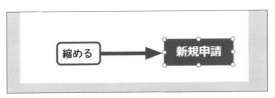

図2.115　横幅を縮める

　追加したボタンコントロールに、クリックした際の処理を設定します。設定内容は、画面右上の"+"アイコンの処理をそのまま移植するだけです。

④画面右上の"+"アイコンをクリックし、OnSelectプロパティのNew-Form(EditForm1);Navigate(EditScreen1, Screen-Transition.None)をすべてコピーします。

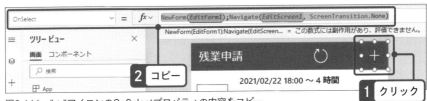

図2.116　"+"アイコンのOnSelectプロパティの内容をコピー

　ちなみに、上の数式でやっていることは、"編集フォームを編集モードに設定"と"新規・編集画面に遷移する"でした。

⑤追加したボタンコントロールをクリックし、先ほどコピーした数式をボタンコントロールのOnSelectプロパティにペーストします。

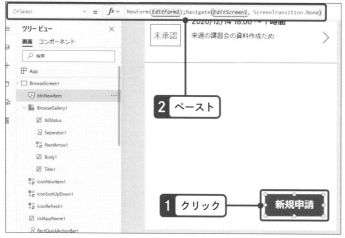

図2.117　コピーした数式をボタンコントロールのOnSelectプロパティにペースト

　ボタンコントロールの角を丸めたい場合は、プロパティの［境界半径］の値を0より大きくしてください。ここはお好みで。

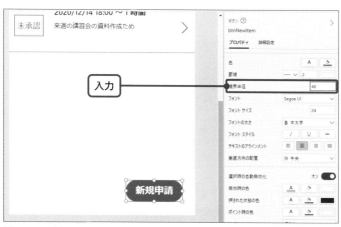

図2.118　ボタンコントロールの角を丸める

ギャラリーコントロールの表示が増えてきた際にボタンが重なるのが気になる場合は、ギャラリーコントロールの高さを縮めてボタンコントロールと重ならないようにしましょう。

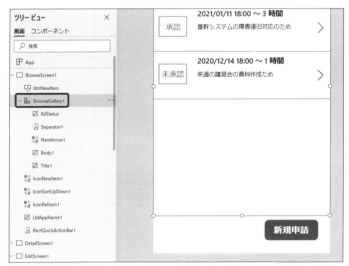

図2.119　ギャラリーコントロールがボタンコントロールと重ならないように

⑥一覧画面右上の"＋"アイコンは不要になりましたので、削除します。

図2.120　"＋"アイコンを削除

例によってエラーが発生しますので、対処してみましょう。余計なエラーには関わりたくない！という方は、削除せず非表示にしてもよいかと思います。

続いて新規・編集画面です。こちらもボタンコントロールにしてみましょう。

⑦ [挿入] - [ボタン] からボタンコントロールを追加し、残業理由の
　 テキスト入力コントロールの下に配置します。

図2.121　ボタンコントロールを追加して配置

⑧追加したボタンコントロールのTextプロパティに"申請"を入力しま
　 す。

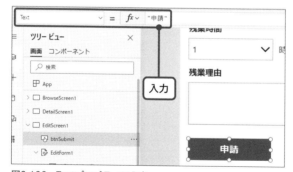

図2.122　Textプロパティに入力

　追加したボタンコントロールに、クリックした際の処理を設定します。設
定内容は、画面右上の [✓] アイコンの処理をそのまま移植するだけです。

⑨画面右上の［✓］アイコンをクリックし、OnSelectプロパティの
SubmitForm(EditForm1)をすべてコピーします。

図2.123　OnSelectプロパティの内容をコピー

　上の数式でやっていることは、フォームに入力されている内容をデータソースに反映する処理でしたね。

⑩追加したボタンコントロールをクリックし、先ほどコピーした数式をボタンコントロールのOnSelectプロパティにペーストします。

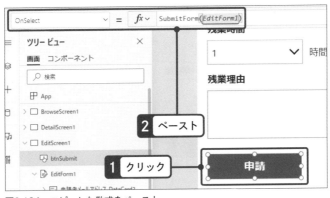

図2.124　コピーした数式をペースト

　ボタンの角を丸めたい場合はお好みでどうぞ。

⑪画面右上の［✓］は不要になりましたので、削除または非表示にします。

11 長期間利用されたシーンを想定する

　設計時に気づきにくいポイントの1つに「長期間アプリを利用された状態」があります。毎日利用するアプリであればデータが溜まっていきます。例えば、大量のデータが一覧に表示されるのはチョット邪魔くさいです。主人公もそろそろ気づく頃ですよ。

データが増えて気づくこと

　検証期間も2週間ほど経ちました。自分自身も使っていてふと気がついたのですが、申請する度に表示件数が増えていきます。このまま全社で利用開始した場合を考えると、すぐに残業申請の履歴が溜まっていきそうです。
　「このまま、1年分表示されても邪魔くさいなぁ……」
　「実際の勤怠情報は勤怠システムで分かるし、残業申請の内容は月末に勤怠システムへ入力する際に入力する分だけ表示されていればいいよね」
　1か月分を表示すればいいかな？と考えましたが、ちょっと嫌な予感がします。フロアに居る社員を見渡しながら、モヤモヤしている理由を考えます。
　「あ！　そうか、月末に出張で不在だったり、休んでたら月が変わっちゃうから、1か月前だけじゃダメか」
　休暇を取得していた社員なども考慮して、勤怠システムへの入力が遅れても対応できるよう、余裕を持たせて直近の2か月のみの申請を表示するようにしてみることにしました。
　これで、一通り残業申請のアプリは検証も終わりそうです。Jは、承認者が操作するアプリに着手することにしました。

データを絞り込む

　一覧はその業務で必要な量が表示されていれば問題ありません。不要なデータまで表示されないようにしておきましょう。

▶ 過去2か月分の申請のみを表示する

　ギャラリーコントロールの表示を過去2か月分の申請のみを表示するよう、さらに修正してみましょう。並び替えのSort関数は一旦省いて、Filter関数に着目します。やりたいことは、つまりこういうことです。

Filter(残業申請, 申請者 = 自分, 残業開始日時 >= 今日から2か月前の日付)
　　　　　　　　　　　　　　　　　　　　　　追加部分

①ギャラリーコントロールのItemsプロパティを、`Filter(残業申請`
　`, 申請者メールアドレス = User().Email, 残業開始日時 >=`
　`DateAdd(Today(), -2, Months))`と設定します。
　Sort関数は最後に戻しますので、ひとまずこの数式のみでOKです。

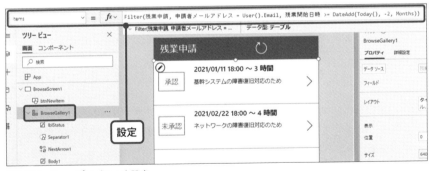

図2.125　Itemsプロパティを設定

　2か月より前の申請が1件表示されなくなりました。また新しい関数が出てきました。DateAdd関数です。

● 構文

DateAdd(操作する日付, 追加する数値, 単位)

序章

第1章

第2章

第3章

第4章

第5章

PowerAppsで業務効率化～残業申請編～

　この関数は、とある日付（第1引数）から、どの単位で（第3引数）どれくらい（第2引数）日付を加算するかを計算してくれるものです。第2引数がマイナスの場合は減算してくれます。

　先ほどのToday関数も用いて、いくつか例を見てみましょう。

- 今日から3日後

```
DateAdd(Today(), 3, Days)
```

- 今日から1か月前

```
DateAdd(Today(), -1, Months)
```

- 日付選択コントロールで選択した日付（dteSelectDate.Selected-Date）から2年後

```
DateAdd(dteSelectDate.SelectedDate, 2, Years)
```

　とある日付よりも未来はプラス、過去はマイナスで表現します。単位は、日（Days）、月（Months）、年（Years）をよく使用します。他に、ミリ秒（Milliseconds）、秒（Seconds）、分（Minutes）、時間（Hours）、四半期（Quarters）も使用できます。DateAdd関数の使い方が、何となくイメージできたのではないかと思います。

　改めてギャラリーコントロールのItemsプロパティを見てみましょう。

Filter(残業申請, 申請者メールアドレス = User().Email, 残業開始日時
　　　　　　　　　　第2引数　　　　　　　　　　　第3引数

>= DateAdd(Today(), -2, Months))

　第3引数である「残業開始日時 >= DateAdd(Today(), -2, Months)」は、申請された残業開始時刻が今日から2か月前までのものを表示するための条件でした。

②ご理解いただけたところで、省いていたSort関数を以下のように元
に戻して完成です。

Sort(Filter(残業申請, 申請者メールアドレス = User().Email, 残業開始
日時 >= DateAdd(Today(), -2, Months)), 残業開始日時, Descend-
ing)

図2.126　Sort関数を元に戻して完成

　このような「自分の情報のみを一定期間分だけ表示する」仕組みは、ショ
ッピングサイトの購入履歴など身近なところでもよく使われています。世界
最大のショッピングサイトAの購入履歴は、過去3か月以内に自分が購入し
た商品が購入日の降順で表示されていますよね。これをFilter関数とSort関
数で表現してみると、

Sort(Filter(全購入履歴データ, 購入者 = 自分, 購入日 >= 今日から3か月
前の日付), 購入日, Descending)

という、2つの評価式で処理をして表示していることがイメージできるか
と思います（実際にはより多くの処理がされていると思いますが）。先ほど
のギャラリーコントロールのItemsプロパティとほぼ同じですね。

日付・時間関数で頭の体操？！

本書ではこれまで日付や時間を処理する以下の関数が登場しました。

今日の日付を取得する	Today関数
時、分、秒の数値から時刻の値を取得する	Time関数
日付を年、月、日の単位で加減算する	DateAdd関数

Power Appsにはこれ以外にも日付や時間に関する様々な関数があります。ここではそのうち、よく使うと思われるいくつかの関数を紹介します。

まずは、Now関数です。

● 構文

Now()

引数は不要で、現在の日時を返してくれる関数です。

続いて、Date関数です。

● 構文

Date(年, 月, 日)

何のひねりもなく、第1引数〜第3引数にそれぞれ年、月、日の数値を入れると、日付の型で返してくれるものです。最後に、日時から年や月、日などを取得する関数を紹介します。
Now関数で取得できる現在の日時を

2021年2月23日　午後9時51分32秒

としたとき、その年、月、日、時間、分、秒の値は以下のように取得できます。

やりたいこと	数式	結果
年の値を取得する	Year(Now())	2021
月の値を取得する	Month(Now())	2
日の値を取得する	Day(Now())	23
時間の値を取得する	Hour(Now())	21
分の値を取得する	Minute(Now())	51
秒の値を取得する	Second(Now())	32

引数の日時から各々の値を取得するための6種類の関数が登場しました。

さて、これらの関数を活用すると、今日すなわちToday関数を基準として様々な日付を表現できるようになります。例を見てみましょう。数式は一例ですので、他にも解があるかもしれません。

● 今年の元旦
```
Date(Year(Today()), 1, 1)
```

● 今月1日
```
Date(Year(Today()), Month(Today()), 1) や
DateAdd(Today(), -Day(Today()) + 1, Days) など
```

● 来月1日
```
Date(Year(Today()), Month(Today()) + 1, 1) や
DateAdd(DateAdd(Today(), -Day(Today()) + 1,
Days), 1, Months) など
```

※ "Month(Today()) + 1" が13になった場合は自動的に年を繰り上げて計算してくれるので問題ない。

これらの日付が表現できると何が嬉しいかというと、例えば「今月の情報のみ表示したい」というフィルタリングができるようになるんですね。

● 例：データソースから今月の受注案件のみを抽出する場合のギャラリーコントロールのItemsプロパティ

Filter(データソース名, 受注日 >= Date(Year(Today()),
受注日が今月1日以上

Month(Today()), 1),

受注日 < Date(Year(Today()), Month(Today()) + 1, 1))
受注日が来月1日未満

日付や時間に関する関数を活用できるようになると、データソースから様々な条件で情報を抽出できるようになります。ぜひ活用してみてください。

12 業務アプリでよく使う関数

これまでの説明を読んでくださった方は、すでに業務アプリで頻繁に利用する20種類の関数を概ね学んだことになります。

表2.10　これまでに学んだ関数

業務アプリで必要な動作＝アプリに命令したいコト	対応する関数
日付や数値の書式を変更する	Text関数
条件によって処理を分ける	Switch関数
指定した条件でデータを絞り込む	Filter関数
現在アプリを利用している人の情報を取得する	User関数
1つの列に対してデータを並び替える	Sort関数
複数の列に対してデータを並び替える	SortByColumns関数
今日の日付を取得する	Today関数
時、分、秒の数値から時刻の値を取得する	Time関数

（次ページに続く）

（表2.10の続き）

Office365のユーザーの表示名や部署名などを取得する	UserProfileV2関数（Office365ユーザーコネクタを利用）
値が空かどうかを確認する	IsBlank関数
空の値を設定する	Blank関数
日付を年、月、日の単位で加減算する	DateAdd関数
年、月、日の数値から日付の値を取得する	Date関数
今の日時を取得する	Now関数
年の値を取得する	Year関数
月の値を取得する	Month関数
日の値を取得する	Day関数
時間の値を取得する	Hour関数
分の値を取得する	Minute関数
秒の値を取得する	Second関数

　データの絞り込みや並べ替えの関数、時間の関数をおさえておくと、自動生成されたアプリを自分なりにカスタマイズすることができる、とわかりましたね。

　Power Appsには本書執筆時点で150種類以上の関数がありますが、これまで1章と合わせて紹介した29種類の関数だけでも、一覧／詳細／編集ができるアプリは作れるということがお分かりいただけたのではないかと思います。

第3章

Power Appsで業務効率化
～申請承認編～

　残業申請アプリで、設計からアプリの作成、利用者のトライアルまでを一通り経験した主人公。次は、承認者が利用するアプリへ取り掛かります。次のアプリは自動生成を利用せず、イチから画面を作っていきます。

アプリ機能強化の構想設計

　承認者が利用するアプリも、前回と同様に設計から実施していきます。今回は主人公が業務で経験したことのない「役職者のタスク」になります。細かい業務がイメージできません。そんな時どうしたらいいでしょうか？

設計ふたたび！

　残業の申請はアプリで業務効率化の手ごたえを得たJは、承認者が利用するアプリに着手します。改めて、残業申請アプリを作成する前に考えた設計のメモを見返しながらイメージを膨らませます。そういえば、先輩であるAさんの「今月始まったばかりで12時間も残業してるよ」というボヤキを、ふと思い出しました。

　「上司がメンバーの残業時間をパッと把握できたら、どこに負荷がかかっているか？が把握できて便利かなぁ。上司の立場になった気持ちだと、こんな画面かな？」

　思い浮かんだ画面イメージや機能のメモをノートに書き込んでいきます。ふと、手が止まりました。自分が承認者ではないので想像できない箇所もあるかもしれない、という不安がよぎります。

　「よし、ちょっと上司にヒアリングしよう！」「改めて作りたいアプリと、それで改善したいポイントをまとめたペラ1枚ぐらいの資料を作っておくかな」「上司が、さらに役員説明などする際に流用できるようにね」「後で"作ってくれ"って言われるだろうし……」

　「ついでに、質問事項や気になってる点をまとめておこう。話が盛り上がって、質問すること自体を忘れちゃったら意味ないからね」

　設計時に作成した資料をツギハギして説明資料を作りながら、Jは上司のスケジュールを確認して空いている時間に会議を予約しました。

承認アプリの設計

　ここでは、申請を承認するアプリを通して、Power Appsのアプリ作成を
さらに学んでいきましょう。残業申請アプリと同様に、いきなりアプリ作成
に着手せず承認アプリの設計を実施していきます。承認アプリに特化して要
件を洗い出しましょう。

◆承認アプリ要件（現状）
1. 申請された内容を確認して承認、または却下を実施する
2. 確認するのは申請者が所属する部門長など特定のユーザー
3. 部下の人数が多い＝申請も多いので大きな画面で処理したい

　う〜ん、今回もちょっと要件がコレだけか？判断が付かないですよね。残
業申請アプリの設計と同じように「利用シーン」や「利用するユーザーの立
場」を考えてみましょう。とはいえ、承認や却下などの承認ワークフローを
実際に実施する立場でないとイメージがつかめないこともあるでしょう。そ
ういう場合は「実際にその業務を行っている人」に質問して確認することが
迅速かつ確実です。刑事ドラマの"聞き込み"のようですが、"ヒアリング"
と表現します。

▶ 承認側に欲しい機能

　ヒアリングを実施する前に「改善したい業務内容」や、それに関する質問
事項をまとめておくとスムーズに進行できます。さらに、その質問事項など
を事前に相手へメールやMicrosoft Teamsなどを利用して共有しておくとよ
いでしょう。他の方に時間を都合してもらうのですから、事前準備はしっか
りと実施することをおすすめします。

　準備が整ったら、ヒアリングを実施しましょう。多くの企業で承認をする
業務は役職者が行っていると思います。つまり、上司にヒアリングすれば把
握できると想定できます。仮に、皆さんが部下で、上司にヒアリングを実施
した、と仮定してお付き合いください。

```
◆上司へのヒアリング結果
1. 承認や却下した際にひと言コメントを添えたい場合がある
    →紙に手書きだとコメントするのが手間
    →そもそも、書くスペースもなかった
2. 月次の単位で「誰が何時間ぐらい残業しているか？」を把握したい
    →今の紙運用では実現困難だった
```

　もちろん、実際には業種業態や承認者のITスキルによって様々な意見がでると思います。そのなかで重要なポイントに絞って対応を検討することをおススメします。何から何まで聞いていたら、前に進めなくなってしまいますからね！

▶ 既存アプリを拡張するか、承認専用のアプリを作るか

　残業申請アプリの設計段階で「申請と承認のアプリは別にしたほうがよい」と考えました。おさらいになりますが、その時の判断はこんな感じでした。

```
◆おさらい
・申請者はスマートフォンから申請できたほうが便利！
    →携帯電話レイアウト
・承認者は大きな画面で操作できるほうが便利！
    →タブレットレイアウト
```

　Power Appsのアプリで、画面のサイズを動的に変更するのは少々手間がかかります。なので、アプリ作成の労力を考えると、役割でアプリを分けて2つ作ってしまったほうがよいです。

　さらに、アプリを別にすることで得られるメリットがあります。それは「承認アプリの利用者を限定できる」という点です。Power Appsのアプリは、利用者へ共有することで複数名のユーザーで利用することが可能です。その共有する対象を承認者のみに限定することで、申請するユーザーには承認アプリの存在すら教える必要もなくなります。セキュリティの観点でも評価で

きるポイントですよね。

　このように、利用者やアプリが担う役割によって、一連の業務に対して複数のアプリを提供すると開発スピードもあがりますし、セキュリティ面など様々なメリットが得られます。Power Appsのアプリ開発ができるメンバーが複数人居れば、手分けすることも可能です。なんでも1つのアプリに詰め込むのではなく、Power Appsの特性と、業務や利用者のコトを考えて「アプリを複数個にできないか？」を考えるようにしてください。

　ひとまずイメージ図を描いてみました。

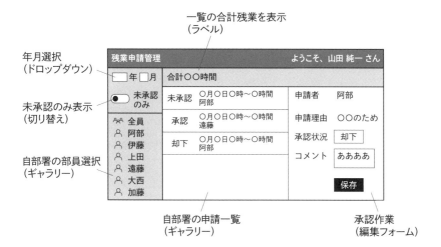

図3.1　イメージ図

　画面の左から右へ順番に操作できるよう、各機能をエリア分けして配置しています。

(1)ヘッダー部

残業申請管理　　　　　　　　　　　ようこそ、山田 純一 さん

(5)追加機能部

(2)検索条件
指定部

(3)申請一覧部　　(4)編集フォーム部

図3.2　各機能をエリア分け

　(2) の検索条件指定部では (3) の申請一覧部に表示する申請を3つの条件で絞り込めるようにします。勤怠システムは月単位で処理するため、残業申請も月単位で確認できるようにします。また、普段は未承認のものを処理していくため、未承認のもののみ表示できるようにします。加えて、各人がどの程度残業しているかを把握するために、人で絞り込めるようにします。

　(3) の申請一覧部には自部署の申請を表示します。さらに (2) の検索条件指定部で指定された条件にも従うようにします。

　(4) の編集フォーム部で上司が更新する承認状況とコメントを表示し、保存できるようにします。

　(5) の追加機能部にはひとまず人で絞り込んだ際にその月の合計残業時間を表示させるようにします。

2 運用イメージを考える

　設計に必要な情報が自分の手元に揃ってない場合は、その業務を担当している方にヒアリングをすればよいことが分かりました。それと同様に、自分

が把握している状況とは異なる運用を実施している利用者が存在するパターンもあります。業務アプリを作成する際は、可能な限り把握できる運用パターンを洗い出しておくとよいでしょう。

想定外！

　上司へのヒアリングは疑問点や想定しなかった要件の洗い出しができただけでなく、改めて上司と業務改善への認識合わせもでき、非常に有意義な時間となりました。そろそろ、設計を固めてアプリの作成に入りたいJですが、何か思いついたようです。

　「あれ？　そういえば、Aさんって部署を兼務してたよな。承認者って誰になるんだろう？」「本人に質問してみるかー」

　チャットツールでAさんの状況を確認すると、連絡可能なグリーンのステータスになっています。すぐにチャットで質問を投げてみました。既読が付いて、しばらくして返信があります。

　「申請は兼務先の部署に出してるよ」

　なるほどなぁ、と感謝の返信をチャットしながらJは思いました。

　「AさんはMicrosoft 365上の所属部署ではなくて、兼務先の別部署にいる上司に申請しなきゃいけないのか……」

　ヒアリングしたことで"部署の兼務パターン"という思わぬ課題が見つかりました。

　「あれ？　ユーザーが部署異動になったら、どうなるんだ？」

　新しい発見から、新たな疑問も見つかったJは、落ち着いてじっくり考えようと飲み物を買いに立ち上がりました。

データソースの見直し

　本書の範疇を逸脱するので詳細はふれませんが、Microsoft 365には部署や上司といった属性情報をユーザーへ与えることができます。しかし、上司の情報はユーザーに対して1名しか設定できない仕様になっています。実際の業務では、社員が部署を複数兼務していることがあります。そのような場合、Microsoft 365からユーザー情報を取得しても解決できません。

このように、既存の情報では対応できない場合は、関連する情報を保持するデータソースを新たに追加することで解決できる場面が多くあります。前述の「本来の所属部署ではなく、兼務先の部署が残業申請先となる」というパターンであれば、以下のようなデータを保持する場所を用意すれば解決できます。"社員名簿"という名称でカスタムリストを追加しましょう。

表3.1　社員名簿（カスタムリスト）

表示名	内部名	型
メールアドレス	Email	1行テキスト
部署名	Department	1行テキスト
管理者フラグ	IsManager	はい/いいえ

※このリストで使用しないタイトル列は任意入力に変更しておきましょう

　社員と部署名、その部署における上司を管理するデータソースです。これで、兼務している場合でも申請先を明示的に管理できます。カスタムリストを作成したら、テスト用のデータを登録しておくことをお忘れなく。
　現時点での部署と上司の関係は実現できました。さらに部署異動に対応しましょう。これまで作成してきた残業申請アプリのデータソースは部署の情報を持っていません。そのため、ユーザーが異動になってしまうと、過去に申請した情報もすべて"移動後の部署"になってしまいます。これでは履歴としての意味をなしません。ということで、残業申請リストに部署名列を追加して、申請時点での部署名を格納するようにしましょう。これで「申請したタイミングの部署」がデータに保持されるようになります。
　そのためには、残業申請アプリで申請した際に部署名も登録するようにしないといけません。データを保存しておく場所も必要になりますので、残業申請リストも含めて変更になります。まずはデータソースであるカスタムリストに［申請者部署名］を追加します。

表3.2　残業申請カスタムリストの変更内容（太字が追加情報）

表示名	内部名	型	備考
申請者メールアドレス	RequestUserEmail	1行テキスト	
申請者部署名	**RequestUserDepartment**	**1行テキスト**	※列を追加
残業開始日時	OvertimeDateTime	日付と時刻	
残業時間	OvertimeHours	数値	
残業理由	Reason	複数行テキスト	
承認者メールアドレス	ApproverEmail	1行テキスト	
承認者コメント	Comment	複数行テキスト	
承認状況	Status	選択肢	未承認 承認 却下

　こちらも、申請者部署名の列にテスト用のデータを追加しておくことをお忘れなく。

　また、第2章で作成した残業申請アプリを修正します。

①2章で作成した残業申請アプリを開き、編集画面EditScreen1の編集フォームコントロールEditForm1を選択します。

②画面右側のプロパティの［フィールドの編集］をクリックし、フィールドウィンドウを表示します。

図3.3　フィールドウィンドウ

③［フィールドの追加］をクリックし、［申請者部署名］にチェックを入れて追加ボタンをクリックします。

　※［申請者部署名］が見つからない場合は、［ビュー］-［データソー

ス］を選択し、［残業申請］の右の［・・・］にある［最新の情報に更新］をクリックして、再度①からやり直してみてください。

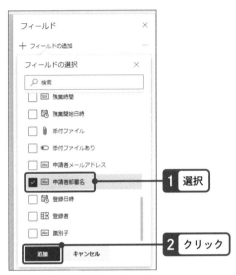

図3.4　［申請者部署名］にチェック

申請者部署名のカードコントロールが追加されました。

図3.5　カードコントロールが追加された

　申請者部署名のカードコントロールには、現在アプリを利用しているユーザーの部署名が自動で入力されるようにします。部署名は社員名簿リストから抽出します。

　④［ビュー］-［データソース］を選択し、［データの追加］をクリックします。

図3.6　［データの追加］をクリック

　⑤表示される検索窓に"SharePoint"と入力し、表示されたSharePointのアイコンをクリックします。

図3.7　SharePointのアイコンをクリック

⑥SharePointのアイコンがもう一度表示されますのでクリックします。

図3.8　もう一度クリック

⑦SharePoint Onlineカスタムリストが格納されているSharePoint
OnlineサイトのURLを入力し、［接続］をクリックします。
URLは、カスタムリストのページを開いて、サイト名まで（sites/
〇〇の〇〇まで）をコピーして貼り付けるとよいです。最近使用し
たサイトの一覧に表示されている場合はそちらをクリックしましょう。

図3.9　URLを入力（最近使用したサイトの一覧に表示されている場合はそちらをクリック）

サイトに含まれるライブラリやカスタムリストの一覧が表示されます。

⑧［社員名簿］にチェックを入れ、［接続］をクリックします。

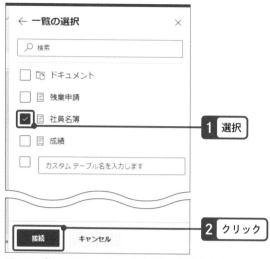

図3.10 ［社員名簿］にチェックを入れ、［接続］をクリック

⑨［データ］に社員名簿のリストが追加されました。

図3.11 リストが追加された

これで、Power Appsから社員名簿リストにアクセスできるようになります。

⑩ [EditScreen1] の編集フォームコントロール [EditForm1] 内に追
加したカードコントロール [申請者部署名_DataCard1] のロックを
解除し、カードコントロールのプロパティを以下のように設定します。

表3.3　カードコントロール [申請者部署名_DataCard1] のプロパティ設定値

プロパティ	設定値
Default	LookUp(社員名簿, メールアドレス = User().Email).部署名

図3.12　プロパティを設定

LookUp関数の説明は本章の中盤で解説します。ここでは社員名簿リスト
から取得した本人の部署名が [申請者部署名] に表示されることを確認でき
ればOKです。

⑪ [DetailScreen1] の [DetailForm1] についてもフィールドウィン
ドウから [申請者部署名] を追加します。

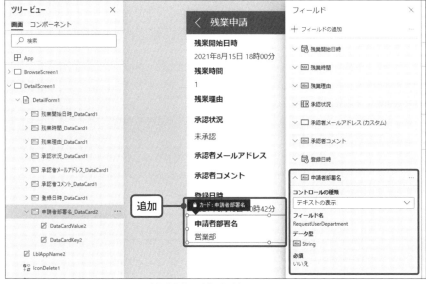

図3.13　フォームコントロールに［申請者部署名］を追加

　残業申請アプリの修正は以上です。保存＆公開し、申請時に申請者の部署
名が残業申請リストに登録されることを確認しましょう。

　このように、Power Appsのアプリであればデータソースの修正からアプ
リの改修もスピード感をもって実施できます。

アプリをイチから作る

さぁ、承認用のPower Appsアプリをイチから作っていきますよ！

承認アプリの作成開始

　上司や先輩などの情報提供もあり、承認アプリの設計がある程度みえて
きました。さあ早速アプリ作成を始めよう！とPower Appsホームページ

を開いたJですが、考えこんだ顔をして手を止めました。

「う〜ん、やっぱりどう考えても今回作る承認アプリは自動生成からは流用できないよなぁ」

残業申請アプリをデータソースからの自動生成でスピーディーに作成できたので、今回も同じ作戦が使えないか悩んでいたのです。しかし、どう考えても流用は難しそうです。

自分が書いた設計メモや画面イメージを何度見ても携帯電話レイアウトでもありません。

「よし！　ここまで色々調べてやってきたんだし、イチからアプリを作ろう！」気合をいれたJは白紙のキャンバスアプリと向かい合いました。

タブレット形式のアプリを作成

まずはアプリの土台を作成しましょう。

①Power Appsホームページで［キャンバス アプリを一から作成］をクリックします。

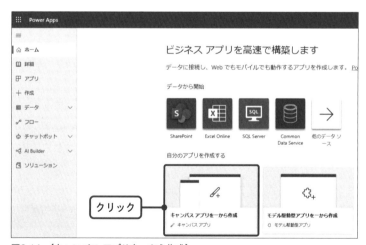

図3.14　［キャンバス アプリを一から作成］

②アプリ名を入力し、形式で［タブレット］を選択し、［作成］をクリ
　ックします。

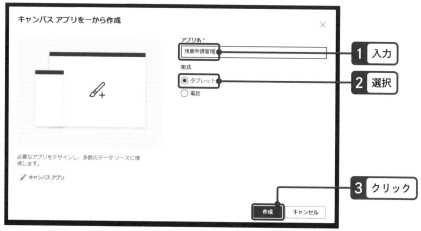

図3.15　［タブレット］を選択

空白のアプリ編集画面が表示されます。

図3.16　空白のアプリ編集画面

③残業申請アプリと同様に、お好みのテーマに変更したい方は変更しておきましょう。本書ではOFFICEの［青］を選択して進めます。

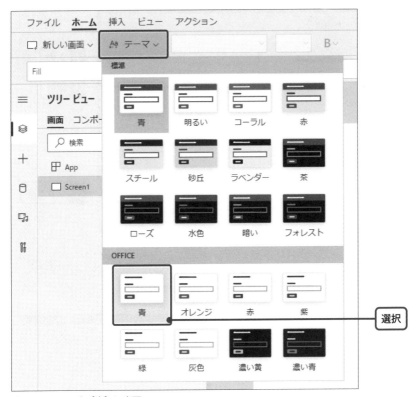

図3.17　テーマを［青］に変更

④アプリの画面サイズを設定します。

　［設定］-［表示］をクリックし、実際にアプリを利用される端末の画面サイズに合った比率を選択します。

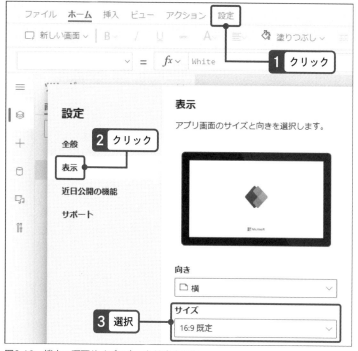

図3.18　端末の画面サイズに合った比率を選択

なお、本書では既定の16:9（1366×768）のサイズで進めます。

データソースを追加する

一から作成したアプリでデータソースとの接続が必要な場合では必ず以下の作業が必要になります。今回の場合、SharePoint Onlineカスタムリストをデータソースとして追加します。

①［ビュー］-［データソース］を選択し、［データの追加］をクリックします。

②表示される検索窓に"SharePoint"と入力し、表示されたSharePointのアイコンをクリックします。アイコンはもう一度表示されますので、再度クリックします。

序章
第1章
第2章
第3章
第4章
第5章
PowerAppsで業務効率化〜申請承認編〜

③SharePoint Onlineカスタムリストが格納されているSharePoint
OnlineサイトのURLを入力し、[接続]をクリックします。最近使用し
たサイトの一覧に表示されている場合はそちらをクリックしましょう。

図3.19　URLを入力

④[残業申請]と[社員名簿]の両方にチェックを入れ、[接続]をク
リックします。

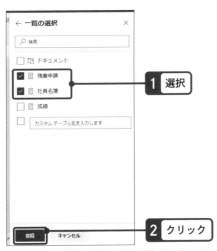

図3.20　[残業申請]と[社員名簿]の両方にチェック

アプリ内に2つのカスタムリストが追加されました。

図3.21　2つのカスタムリストが追加された

　追加されたカスタムリストの右側にある［…］をクリックすると、いくつかメニューが表示されます。

　カスタムリストを修正したい場合は、［データの編集］をクリックするとSharePoint Onlineのカスタムリストのページが開きます。カスタムリスト側でデータやテーブル構成を編集した場合は［最新の情報に更新］をクリックすると最新化されます。

図3.22　［…］から［データの編集］や［最新の情報に更新］が選択できる

　さて、ここから書いたイメージをもとに5つの部位を作成していきます。

序章
第1章
第2章
第3章
第4章
第5章
PowerAppsで業務効率化〜申請承認編〜

ヘッダー部を作成する

まずはアプリの画面上部のヘッダー部分を作成します。

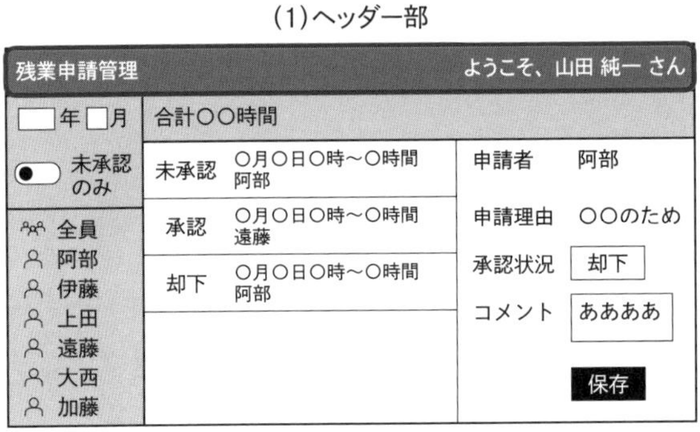

(1)ヘッダー部

残業申請管理			ようこそ、山田 純一 さん	
☐年☐月	合計〇〇時間			
◯ 未承認のみ	未承認	〇月〇日〇時～〇時間 阿部	申請者	阿部
👥 全員	承認	〇月〇日〇時～〇時間 遠藤	申請理由	〇〇のため
👤 阿部 👤 伊藤	却下	〇月〇日〇時～〇時間 阿部	承認状況	却下
👤 上田 👤 遠藤			コメント	あああ
👤 大西 👤 加藤				保存

図3.23　領域と機能

まずは、画面上部にカラーバーを設置しましょう。

①［挿入］-［アイコン］-［四角形］をクリックして四角形のアイコンコントロールを追加します。

図3.24　四角形のアイコンコントロールを追加

②追加したコントロールの名前は、都度命名規則に従い変更しておきましょう。

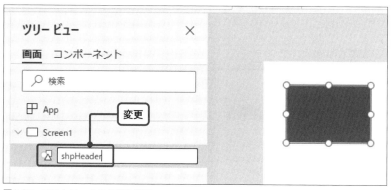

図3.25　コントロールの名前を変更

　③追加したアイコンコントロールを画面上部に配置します。プロパティは以下のように設定しました。

表3.4　アイコンコントロールのプロパティ

プロパティ	設定値
X	0
Y	0
Width	Parent.Width
Height	64

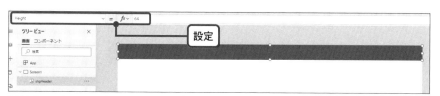

図3.26　アイコンコントロールの配置とプロパティの設定

　アイコンコントロールの親はScreen1ですので、Parent.Widthはスクリーンの横幅を指します。こう設定することで、後で画面サイズを変更した際に横幅を追従させることができます。が、このような設定をすべてのコントロールに対して厳密に行うのはなかなか大変ですので、ここはお好みで。
　次に、画面上部にタイトルを設置しましょう。

④ ［挿入］-［ラベル］からラベルコントロールを追加します。

図3.27　ラベルコントロールを追加

⑤追加したラベルコントロールのプロパティを以下のように設定します。
位置はお好みで配置してください。

表3.5　アイコンコントロールのプロパティ

プロパティ	設定値
Size	18
Color	White
Text	"残業申請管理アプリ"

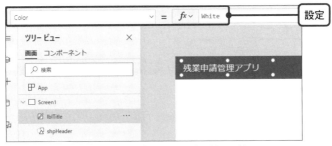

図3.28　ラベルコントロールのプロパティ設定と位置調整

次に、利用者の名前を画面右上に表示させます。

⑥ラベルコントロールをさらに追加し、プロパティを以下のように設
定します。位置はお好みで配置してください。

表3.6　ラベルコントロールのプロパティ

プロパティ	設定値
Size	18
Color	White
Text	User().FullName
Align	Right

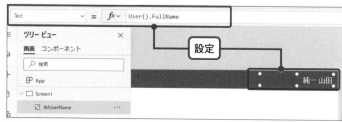

図3.29　ラベルコントロールをさらに追加しプロパティを設定

　利用ユーザーの情報の一部は、User関数で取得することができました。

　利用者の名前の前後に文言を入れたい場合は、Textプロパティを以下のように設定します。

表3.7　Textプロパティ

プロパティ	設定値
Text	"ようこそ、" & User().FullName & "さん"

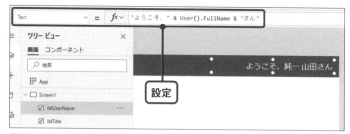

図3.30　利用者の名前の前後に文言を入れる

序章
第1章
第2章
第3章
第4章
第5章
Power Apps で業務効率化 〜申請承認編〜

これでヘッダー部は完成です。

作成したすべてのコントロールをグループ化します。

⑦すべてのコントロールを選択し、[ホーム]-[グループ]-[グループ] をクリックします。

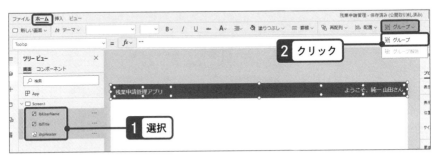

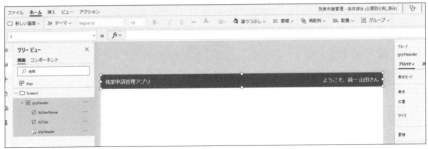

図3.31　グループ化

グループ化することで、どのコントロールがどの箇所のものなのかが分かりやすくなります。グループの名前は分かりやすい名前にしておきましょう。

検索条件指定部を作成する

申請一覧を絞り込むための検索機能を作っていきます。

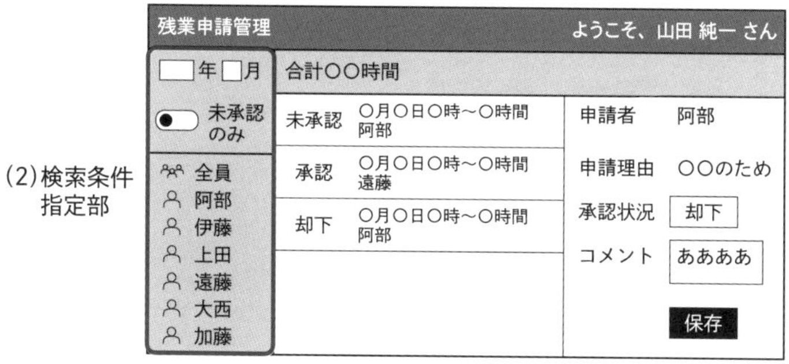

図3.32 領域と機能

画面の（2）検索条件指定部では、以下の3つの機能を実装します。

- 申請された年月を選択する
- 未承認の申請のみを表示するかどうかを切り替える
- 選択した社員の申請のみを表示するかどうかを切り替える

▶ 背景を配置する

エリアが見た目で区別できるように、背景をグレーにしましょう。

① ［挿入］-［アイコン］-［四角形］から四角形のアイコンコントロールを追加し、プロパティを以下のように設定します。色は薄いグレーにし、太さ1の罫線を入れてみました。

表3.8 アイコンコントロールのプロパティ

プロパティ	設定値
Fill	WhiteSmoke
PressedFill	Self.Fill
HoverFill	Self.Fill
BorderColor	LightGray
BorderStyle	Solid
BorderThickness	1
Width	280

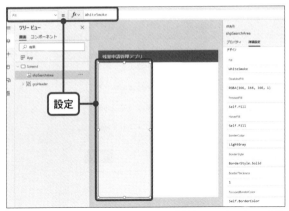

図3.33　四角形のアイコンコントロールを追加してプロパティを設定

　Self.Fillとすることで、自身のコントロールのFillの値と連動させています。色には"ポイント時"、"無効時"、"押された状態"など、コントロールの種類によって設定項目が異なります。用途に合わせて色の設定を変更しましょう。

▶ 申請された年月を選択する

　月単位で申請状況を確認できるようにします。

　① ［挿入］-［ラベル］をクリックしてラベルコントロールを2つ追加し、Textプロパティにそれぞれ"年"と"月"を設定します。

表3.9　年のラベルコントロールのプロパティ

プロパティ	設定値
Text	"年"
Align	Center

表3.10　月のラベルコントロールのプロパティ

プロパティ	設定値
Text	"月"
Align	Center

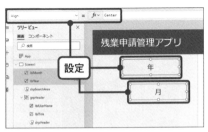

図3.34　ラベルコントロールを2つ追加しText
　　　　 プロパティを設定

② ［挿入］-［入力］-［ドロップ ダウン］をクリックして、ドロップ
ダウンコントロールを2つ追加します。

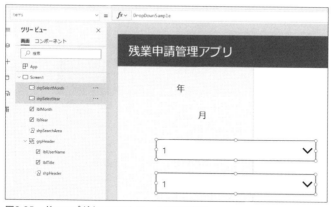

図3.35　ドロップダウンコントロールを2つ追加

③図のように配置します。

図3.36　ラベルコントロールとドロップダウンコントロールを配置

　年のドロップダウンコントロール（drpSelectYear）の内容を修正します。
残業申請管理で未来を見る必要はないので、ここでは今年〜一昨年が選択で
きるようにします。

④年のドロップダウンコントロールのItemsプロパティを以下のように
設定します。

表3.11　年のドロップダウンコントロールのItemsプロパティ

プロパティ	設定値
Items	[Year(Today()), Year(Today())-1, Year(Today())-2]

図3.37　年のドロップダウンコントロールのItemsプロパティを設定

　Today関数は今日の日付を、Year関数は日付型の引数を渡すとその日付の年を数値で返してくれる関数です。つまり、Year(Today())は、今年が2021年だとすると、2021が返ってきます。2022年になれば、Year(Today())は自動的に2022が返ってきます。ここは"今年〜一昨年を表示する"という要件が変わらない限り、メンテナンスは不要となります。

　月のドロップダウンコントロール（drpSelectMonth）の内容を修正します。

　⑤月はどんな時でも1〜12の固定値があればよいので、Itemsプロパティを以下のように設定します。

表3.12　月のドロップダウンコントロールのItemsプロパティ

プロパティ	設定値
Items	[1, 2, 3, 4, 5, 6, 7, 8, 9, 10, 11, 12]

図3.38　月のドロップダウンコントロールのItemsプロパティを設定

序章

第1章

第2章

第3章

第4章

第5章

PowerAppsで業務効率化〜申請承認編〜

　月のドロップダウンコントロール（drpSelectMonth）のデフォルトを今月にします。デフォルトはDefaultプロパティで指定することができます。

　⑥初期値が常に今月になるよう、Defaultプロパティを以下のように設定します。
　　※この部分を執筆したのは2021年2月27日です。

表3.13　月のドロップダウンコントロールのDefaultプロパティ

プロパティ	設定値
Default	Month(Today())

図3.39　月のドロップダウンコントロールのDefaultプロパティを設定

　Month関数は、日付型の引数を渡すとその日付の月を数値で返してくれる関数です。つまり、Month(Today())は、今月が9月だとすると、9が返ってき

ます。なお、年のドロップダウンコントロールについては、Itemsの最初の
値を今年にしているため、Defaultプロパティの設定は不要です。

▶ 未承認の申請のみを表示するかどうかを切り替える

月末に近づくにつれて表示する量が増えて承認しづらくなるため、未承認
の申請のみを表示できるように切り替えスイッチを置きます。

① ［挿入］-［入力］-［切り替え］をクリックして切り替えコントロー
ルを挿入し、以下のように配置します。

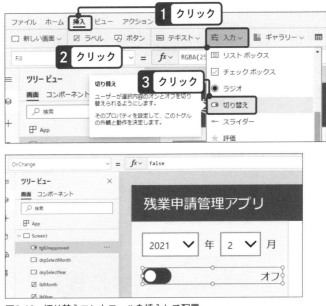

図3.40　切り替えコントロールを挿入して配置

切り替えがONの時とOFFの時の表示を設定します。

②TrueTextプロパティとFalseTextプロパティを以下のように設定します。

表3.14　TrueTextプロパティとFalseTextプロパティ

プロパティ	設定値
TrueText	"未承認のみ表示　オン"
FalseText	"未承認のみ表示　オフ"

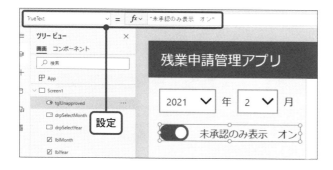

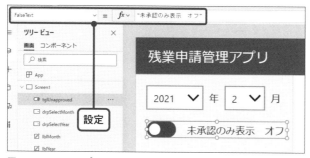

図3.41　TrueTextプロパティとFalseTextプロパティを設定

　未承認の申請を処理する作業がメインになるので、デフォルト値をONの状態にしておきます。

③Defaultプロパティを以下のように設定します。

表3.15　Defaultプロパティ

プロパティ	設定値
Default	true

▶ 選択した社員の申請のみを表示できるようにする

社員の残業状況を確認できるようにするため、ユーザーの一覧から選択できるようにします。今回はユーザー名やアイコンを表示させたいので、ギャラリーコントロールを利用します。

① ［挿入］-［ギャラリー］-［縦方向(空)］をクリックしてギャラリーコントロールを追加します。

図3.42　ギャラリーコントロールを追加

画面の解像度によっては［挿入］タブの中の［ギャラリー］が隠れている場合があります。［挿入］タブ内の一番右側の［∨］をクリックすると見つかります。

図3.43　隠れているタブの表示方法

追加したコントロールの右側に [データソースの選択] が表示されます。

②ひとまず [社員名簿] を選択しておきます。

図3.44　[社員名簿] を選択

③追加したギャラリーコントロールを図のように配置します。コント
ロールの座標とサイズは以下にしてください。

表3.16　コントロールの座標とサイズ

プロパティ	設定値
X	0
Y	300
Width	280
Height	468

序章
第1章
第2章
第3章
第4章
第5章

PowerAppsで業務効率化〜申請承認編〜

図3.45　ギャラリーコントロールを配置

　Y、Heightプロパティは誤差があってもかまいませんが、切り替えコントロールとギャラリーコントロールの間には図の程度の隙間を空けておいてください。

　④ギャラリーコントロールのプロパティを以下のように設定します。

表3.17　ギャラリーコントロールのプロパティ

プロパティ	設定値
TemplateSize	60
TemplatePadding	0

続いて、ギャラリーコントロール内を整えていきます。

⑤ギャラリーコントロール左上の鉛筆マークをクリックし、[挿入] -
　[ラベル] をクリックしてギャラリーコントロールの中にラベルコン
　トロールを追加します。

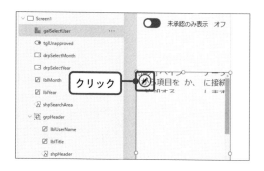

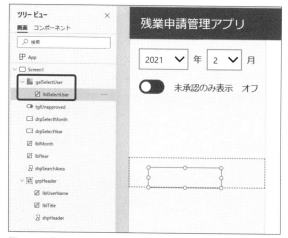

図3.46　ギャラリーコントロールの中にラベルコントロールを追加

　追加したラベルコントロールがツリービュー上でギャラリーコントロール
の配下に挿入されたことを確認してください。

序章

第1章

第2章

第3章

第4章

第5章

Power Apps で業務効率化 〜申請承認編〜

⑥追加したラベルコントロールのプロパティを以下のように設定します。

表3.18　ラベルコントロールのプロパティ

プロパティ	設定値
X	100
Y	0
幅	180
高さ	60

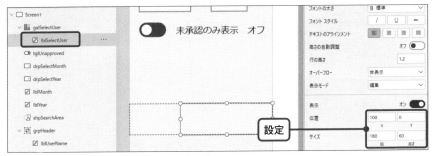

図3.47　ラベルコントロールのプロパティを設定

　追加したラベルコントロールに社員名を表示します。ThisItemを利用して社員名簿リストから社員名を取得したいところですが、残念ながら社員名簿には社員名は含まれていません。そのため、ここでは社員名簿リストのメールアドレスを用いて、［Office365ユーザー］コネクタから社員名を抽出します。

⑦まずは［ビュー］-［データ ソース］をクリックし、［データの追加］から［Office 365 ユーザー］を追加します。

図3.48 ［Office 365 ユーザー］を追加

⑧ギャラリーコントロール内のラベルコントロールのTextプロパティ
を以下のように設定します。

表3.19　ラベルコントロールのTextプロパティ

プロパティ	設定値
Text	Office365ユーザー.UserProfileV2(ThisItem.メールアドレス).displayName

図3.49　ラベルコントロールのTextプロパティを設定

社員名が表示されました。
続いて、人の形のアイコンを挿入します。

序章

第1章

第2章

第3章

第4章

第5章

Power Apps で業務効率化 〜申請承認編〜

⑨ ［挿入］-［アイコン］-［人］をクリックしてアイコンを追加します。

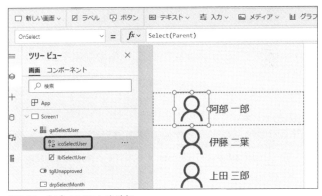

図3.50 ［人］アイコンを追加

　追加したアイコンがギャラリーコントロールの外に配置された場合は、ギャラリーコントロール左上の鉛筆マークをクリックするか、ギャラリーコントロール内の既存のコントロールを選択した状態で再度アイコンを追加してみてください。

⑩追加した人のアイコンのプロパティを以下のように設定します。

表3.20　人のアイコンのプロパティ

プロパティ	設定値
X	0
Y	0
幅	100
高さ	60
色	Black　※画面右側のプロパティで黒色を選択

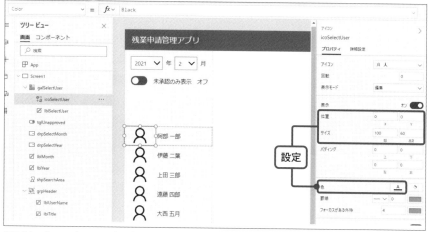

図3.51　人のアイコンのプロパティを設定

　それっぽい見た目になってきました。画面上部の数式バーでコントロールの色などを変更してきましたが、画面右側のプロパティ欄で該当する項目が存在する場合（今回の［色］など）はそちらでも変更ができます。

　この状態では、ギャラリーコントロール内には社員名簿リストに登録されている全社員が表示されています。アプリを利用するユーザーが自分の部下の申請のみ確認できるよう、以下の条件で表示を限定します。

- アプリを利用しているユーザーと同じ部署
- 管理社員以外

社員名簿リストを確認してみましょう。

社員名簿

メールアドレス ∨	部署名 ∨	管理者フラグ ∨
ichiro-abe@jandy365.onmicrosoft.com	営業部	はい
futaba-ito@jandy365.onmicrosoft.com	システム部	はい
saburo-ueda@jandy365.onmicrosoft.com	営業部	はい
junjun@jandy365.onmicrosoft.com	営業部	はい
shiro-endo@jandy365.onmicrosoft.com	システム部	いいえ

図3.52　社員名簿リスト

　管理社員かどうかは［管理者フラグ］で判定できそうです。アプリを利用
しているユーザーと同じ部署かどうかは、アプリを利用しているユーザーの
部署を社員名簿から抽出する作業も必要になりそうです。

　この後の説明で利用するのはJ（社員名簿の上から4番目）となります。
ひとまず営業部と設定していますので、営業部かつ管理社員以外が表示され
るのが期待する処理結果となります。

　⑪ギャラリーコントロールのItemsプロパティを以下のように設定します。

表3.21　ギャラリーコントロールのItemsプロパティ

プロパティ	設定値
Items	Filter(　　社員名簿, 　　部署名 = LookUp(社員名簿, メールアドレス = User().Email).部署名, 　　管理者フラグ = false)

　括弧内は引数ごとに改行してみました。

図3.53　ギャラリーコントロールのItemsプロパティを設定

　Jが所属する営業部の管理社員以外が表示されました。

　全体像を見る前にまずは第2引数を見てみましょう。LookUp関数は、テーブルの中から条件に合ったレコードをレコード型で抽出する関数です。

● 構文

LookUp(テーブル, 抽出条件 [, 列名など])

　処理をしたいテーブルを第1引数に指定します。ここにはデータソース名を書くこともできます。

　第2引数にはFilter関数と同じように抽出条件を指定します。

　第3引数はオプションで、使い方については本書では割愛します。本書では第2引数までを指定するとご理解いただければOKです。

　改めてギャラリーコントロールのItemsプロパティのLookUp関数の部分を見てみましょう。

LookUp(社員名簿, メールアドレス = User().Email).部署名
　　　第1引数　　　　　　　　　　第2引数

　第1引数は社員名簿を指定していますね。第2引数は、社員名簿のメールア
ドレス列が現在アプリを利用しているユーザーのメールアドレスと同じかど
うかを条件にしています。
　LookUp関数の後ろにある「.部署名」は、抽出したレコードの部署名列の
値を取り出しています。この式では、社員名簿リストから現在アプリを利用
しているユーザーのレコードを抽出し、部署名を取得していることが分かり
ます。

LookUp(社員名簿, メールアドレス = User().Email)

メールアドレス	部署名	管理者フラグ
junjun@xxx.com	営業部	はい

LookUp(社員名簿, メールアドレス = User().Email).部署名

メールアドレス	部署名 営業部	管理者フラグ
junjun@xxx.com		はい

図3.54　利用者の部署をLookUp関数で抽出

　LookUp関数が理解できたところで、ギャラリーコントロールのItemsプ
ロパティの全体像を見てみましょう。

```
Filter(
    社員名簿,
    第1引数

    部署名 = LookUp(社員名簿, メールアドレス = User().Email).部署名,
                              第2引数
    管理者フラグ = false
            第3引数
)
```

　Filter関数の第1引数は処理をしたいデータソース名です。第2引数以降で、このFilter関数には抽出条件が2つあることが分かります。Filter関数の第2引数では、社員名簿の部署名列が先ほどのLookUp関数で抽出した値と同じかどうかを抽出条件にしています。

　LookUp関数で抽出した値は"現在アプリを利用しているユーザーの部署名"でしたよね。つまり、この抽出条件は"現在アプリを利用しているユーザーと同じ部署の人"を抽出するための条件になります。

　Filter関数の第3引数は、管理者フラグ列がfalseかどうか、つまり管理者じゃない人＝一般社員を抽出するための条件です。Filter関数は、第2引数以降の抽出条件をすべて満たすレコードのみを抽出します（And条件といいます）。この数式で「現在アプリを利用しているユーザーと同じ部署」かつ「一般社員」を一覧表示できます。

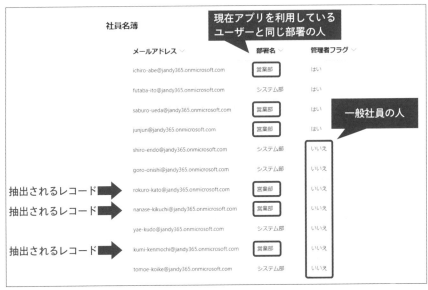

図3.55　ギャラリーコントロールのItemsプロパティの全体像

　なお、ここで委任に関する警告が表示されていますが、委任に関する警告は後半の章で解説します。警告は"正常に機能しない可能性がある"という通知なだけで、エラーではありません。現時点では無視しても問題ありませんので、次に進みましょう。

▶ 全社員の申請を表示できるようにする

　ギャラリーコントロールを使うことで社員を選択する準備は整いました。ただ、ギャラリーコントロールは"選択を解除する"ことができません。つまり、このままでは"部署の全社員"を表示させる方法がないんですね。

　ここでは、変数を利用して"部署の全社員"と"特定の社員"を両方選択できる仕組みを導入します。変数は何かの値を一時的に入れておく箱だと思ってください。変数については後ほどコラムでも解説しますので、ひとまず手順通りに設定してみましょう。

　まずは、ギャラリーコントロール内のアイコンコントロールをクリックした際に、クリックした社員のメールアドレスを変数に格納するようにします。

①人のアイコンコントロールのOnSelectプロパティを以下のように設定します。

表3.22　OnSelectプロパティ

プロパティ	設定値
OnSelect	UpdateContext({locSelectUser: ThisItem.メールアドレス})

図3.56　OnSelectプロパティを設定

UpdateContext関数は、変数に値を格納するために使用するものです。

● 構文

UpdateContext({変数名1: 値1 [, 変数名2: 値2, ...]})

{}を使用し、変数名と設定したい値の間を:で繋げるだけです。先ほどの設定値を見てみましょう。

UpdateContext({locSelectUser: ThisItem.メールアドレス})

変数名"locSelectUser"に対して、値"ThisItem.メールアドレス"を設

定しています。ThisItemとはギャラリーコントロールの各々のレコードのことを指していますので、クリックしたユーザーのメールアドレスを変数"locSelectUser"に格納できます。

画面右上の［アプリのプレビュー］ボタンでアプリを実行し、いずれかのユーザーのアイコンをクリックしてみてください。

念のため、変数に何の値が格納されたかを確認したいですよね。ギャラリーコントロール内の各社員のアイコンをクリックした際に、社員のメールアドレスが変数に格納されるか確認してみましょう。

②［ビュー］-［変数］をクリックします。

図3.57 ［変数］をクリック

③先ほど設定した変数"locSelectUser"に格納された値が表示されます。

図3.58 "locSelectUser"に格納された値

④変数をクリックするとその変数がどこでどのように設定されるかが確認できます。

図3.59 変数をクリックして確認

変数に格納されたメールアドレスがクリックに応じて変わればOKです。

氏名の部分をクリックした際にも同じように変数を設定したいですよね。ただ、氏名などのラベルコントロールにマウスを合わせると、マウスポインターがテキスト選択アイコンに変わってしまうので、クリックできる箇所なのかが分かりづらいです。

図3.60 マウスポインターが
テキスト選択アイコンに変わ
ってしまう

そこで、先ほど変数処理を設定したアイコンを氏名の上に被せます。

⑤アイコンコントロールのプロパティを以下のように設定します。

図3.61 アイコンコントロールのプロパティを設定

表3.23 アイコンコントロール
のプロパティ

プロパティ	設定値
Width	280
PaddingRight	180

ここでは、アイコンの横幅をギャラリーコントロール内目一杯に広げ、かつ右のパディングを調整してアイコンの位置を左側にずらしています。パディングとはコントロール内の余白です。中のアイコンなどのサイズは、パディングの設定値に応じて自動的に調整されます。

コントロールを前面や背面へ移動する

　アプリ作成画面上でコントロールの位置が重なっている場合は、ツリービューで上部にある方が上に重なって表示されます。

　ツリービュー上でギャラリーコントロール内のラベルコントロールがアイコンコントロールよりも上部に位置している場合は、アイコンコントロールが上部に位置するようツリービュー上の位置を調整してください。

続いて"部署の全社員"を選択するためのコントロールを配置します。

⑥ギャラリーコントロール内にあるアイコンコントロールとラベルコントロールをCtrlキーまたはShiftキーを押しながら両方選択し、コピーします。

図3.62　アイコンコントロールとラベルコントロールをコピー

アプリ作成画面上ではラベルコントロールは選択できないと思いますので、ツリービュー上で選択するとよいです。

⑦ギャラリーコントロール内のコントロールを選択していない状態で貼り付けます。ギャラリーコントロールの外に2つのコントロールが貼り付けられます。

図3.63　ラベルコントロールを貼り付け

⑧貼り付けた2つのコントロールをギャラリーコントロールの上に配置します。

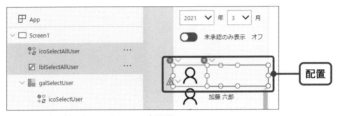

図3.64　貼り付けたコントロールを配置

エラーが表示されていますが、設定しながら修正していきます。まずはラベルコントロールに［全員］と表示させましょう。

⑨ラベルコントロールのTextプロパティを以下のように設定します。

表3.24　Textプロパティ

プロパティ	設定値
Text	"全員"

図3.65　Textプロパティを設定

アイコンコントロールをクリックした際に、変数に"空の値"を設定するようにします。

⑩アイコンコントロールのOnSelectプロパティを以下のように設定します。

表3.25　OnSelectプロパティ

プロパティ	設定値
OnSelect	UpdateContext({locSelectUser: Blank()})

図3.66　OnSelectプロパティを設定

　Blank関数は、空を返す関数です。変数にBlank関数の値を設定することで、変数の中身を空にすることができます。続けて、エラーを解消します。

⑪ラベルコントロールの左上に表示されている赤丸の×マークをクリックして［数式バーで編集］をクリックします。

図3.67　［数式バーで編集］をクリック

⑫ラベルコントロールのOnSelectプロパティでエラーが発生しています。ここでクリックした際に動作させたい処理はないので、falseに設定します。

図3.68　OnSelectプロパティをfalseに

⑬［全員］のアイコンが全員っぽくないので、［全員］の左にあるアイコンコントロールのIconプロパティをIcon.Peopleに設定します。

図3.69　IconプロパティをIcon.Peopleに

複数人と分かるアイコンになりました。
これで、全社員の申請を表示できるようにするための用意は整いました。

画面右上の［アプリのプレビュー］ボタンでアプリを実行し、［全員］やいずれかのユーザーのアイコンをクリックしてみてください。変数の値がクリックに応じて空になったりメールアドレスになったりすればOKです。これで検索条件指定部は完成です。

追加したコントロールをグループ化します。

⑭検索条件指定部のコントロール（ヘッダー部のグループ以外すべて）を選択し、［ホーム］-［グループ］-［グループ］をクリックします。

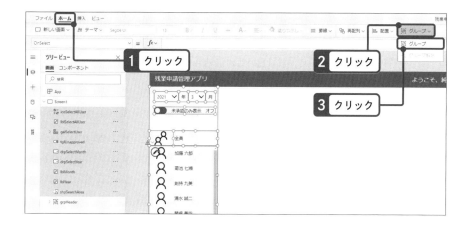

図3.70　追加したコントロールをグループ化

Filter関数とLookUp関数の違い

これまでの内容をお読みいただいた方の中には「Filter関数もLookUp関数もテーブルの中から条件に合ったレコードを抽出する関数だよね？　何が違うの？」と思われる方もいらっしゃるのではと思います。

この2つの関数は、型が異なります。SharePoint Onlineカスタムリストに列を作成した際に1行テキストや数値など列の種類を選択したと思いますが、あれが型です。

1行テキストや数値など1つの情報を格納するものから、データソースの1レコードを格納するものや複数のレコードを格納するものまで、様々な型が存在します。ここでは、その中でもレコードを扱う2種類の型（レコード型とテーブル型）について、表のUserTableというテーブルを用いて見ていきましょう。

表3.26　UserTable

UserID	DisplayName
1	阿部 一郎
2	遠藤 四郎
3	工藤 八重
4	佐藤 新一
5	関根 美四

テーブル型とレコード型を理解するために、このテーブルを以下の図のように表現します。テーブルは、1つ1つのレコードを格納するロッカーと考えるとよいです。UserTable自体はテーブル型となります。

UserID	DisplayName
1	阿部 一郎

UserID	DisplayName
2	遠藤 四郎

UserID	DisplayName
3	工藤 八重

UserID	DisplayName
4	佐藤 新一

UserID	DisplayName
5	関根 美四

テーブル
レコード

図3.71　UserTable

　まずはFilter関数を利用して条件に合ったレコードを抽出してみましょう。図のようになります。

UserID	DisplayName
1	阿部 一郎

UserID	DisplayName
2	遠藤 四郎

図3.72　Filter(UserTable, UserID < = 2)

　行数は減りましたが、形は変わっていません。よって、これもテーブル型です。続いてLookUp関数を利用して条件に合ったレコードを抽出してみましょう。図のようになります。

UserID	DisplayName
1	阿部 一郎

図3.73　LookUp(UserTable, UserID = 1)

　テーブルという名のロッカーから中身が取り出されました。よって、これはレコード型となります。では、Filter関数を使用して1レコードだけ抽出するとどうなるのでしょうか。

図3.74　Filter(UserTable, UserID = 1)

　LookUp関数とは異なり、こちらは1レコードであってもテーブル型となります。Filter関数はレコード数に関係なくテーブル型を返す関数であることが分かります。

　以上から、Filter関数の戻り値はテーブル型、LookUp関数の戻り値はレコード型であることが分かります。これらは型が異なるんですね。

　せっかくなので、もう少し踏み込んでみましょう。これまでの内容から、テーブル、レコード、各列は階層構造になっていることがお分かりいただけたのではないでしょうか。

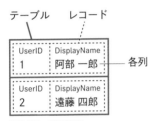

図3.75　階層構造

　テーブルの中にレコードがあり、レコードの中に各列の値があります。そして、テーブルからレコードを、レコードから各列の値を抽出することが可能です。例を見てみましょう。

UserID	DisplayName
1	阿部 一郎
UserID	DisplayName
2	遠藤 四郎

図3.76　Filter(UserTable, UserID < = 2)

序章

第1章

第2章

第3章

第4章

第5章

Power Apps で業務効率化 ～申請承認編～

UserID	DisplayName
1	阿部 一郎

図3.77 First(Filter(UserTable, UserID <= 2))

　テーブルの一番先頭のレコードを抽出するFirst関数をFilter関数にかぶせることで、テーブルからレコードを抽出しました。よって、これはレコード型となります。ちなみにこれと同じ結果ですね。

UserID	DisplayName
1	阿部 一郎

図3.78 LookUp(UserTable, UserID = 1)

　続いて、レコードから列の値を抽出してみましょう。

図3.79 LookUp(UserTable, UserID = 1).DisplayName

　レコード型に対して「.列名」と記載することで、レコードから列の値を抽出しました。これはその列で指定された型となります。では、テーブル型に対して「.列名」と記載するとどうなるのでしょうか。

DisplayName
阿部 一郎

DisplayName
遠藤 四郎

図3.80 Filter(UserTable, UserID <= 2).DisplayName

　Filter関数の後ろに「.列名」を記載しました。指定した列の情報のみ取得できましたが、レコードを指定したわけではないのでテーブル型のままです。
　Power Appsでは、このように様々な型を表すことができます。面白いで

すね。では、型が違うと、何が問題なのでしょうか。

すべてのコントロールのプロパティや関数の引数は型が決まっているため、その型に合わせた数式を記載しないとエラーや警告が表示されます。例えば、ギャラリーコントロールのItemsプロパティに設定できる型はテーブル型またはレコード型のため、テキスト型を設定するとエラーが表示されます。

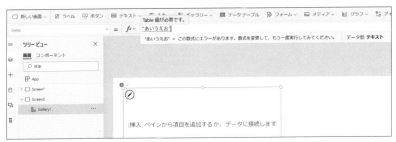

図3.81 ギャラリーコントロールのItemsプロパティにテキスト型を設定した際のエラー

また、Filter関数の第2引数以降の条件式の右辺と左辺の型が一致していないと警告が表示されます。

図3.82 Filter関数の条件式で異なる型を比較した際のエラー

このように、Power Appsでは型の不一致によるエラーに遭遇することが度々あります。型を知らなくてもある程度のアプリを作成することはできますが、型の仕組みを知っていると作成の自由度が格段に上がりますので、ぜひご理解いただくとよいと思います。

序章

第1章

第2章

第3章

第4章

第5章

Power Apps で業務効率化〜申請承認編〜

グローバル変数とコンテキスト変数

変数とその効果の範囲について理解を深めましょう。

まず"変数"とは、値や数式の結果を保持しておく箱のようなものです。変数という箱に計算した結果や関数の戻り値などの値を格納して、他の箇所で再利用したい場合に活躍します。例えば、Power Appsで"あ"という文字列を「変数A」に格納する場合は以下のような数式になります。

●UpdateContext({変数A:"あ"})
●Set(変数A, "あ")

Power Appsでは、変数を利用する際に、UpdateContext関数とSet関数の2種類から選択することができます。この2つには大きな違いがありますが、それは後ほど説明します。まずは「変数は何らかの値を格納する箱のようなモノ」というイメージを持ってください。

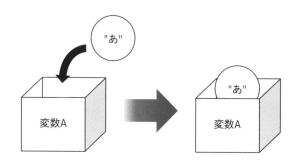

図3.83　変数へ値を格納する

変数Aに"あ"という値を格納した状態です。この状態で"ボタンを押した時"などのタイミングで変数Aから中身を取り出すと"あ"という値が得られるので、その後の処理に利用できます。この変数の箱を準備することを"宣言"と表現します。Power Appsでは変数の宣言と同時に箱の中へ入れ

る値も同時に設定するようになっています。

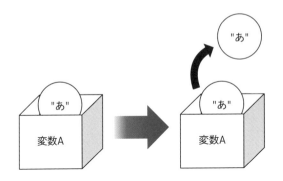

図3.84　変数から値を取り出す

　変数に値を格納した後は、その変数の中身を書き換えない限り何度でも取り出すことができます。もちろん、中身を書き換えることも可能です。現実の箱では、中身を1度取り出して、新しい中身を詰める必要がありますが、プログラミングの世界では新しい値をそのまま変数に詰め込むことで、自動的に中身を置き換えるようになっています。

　では、UpdateContext関数とSet関数の大きな違いについて把握していきましょう。UpdateContext関数で宣言した変数を「コンテキスト変数」と呼びます。コンテキスト変数は特性として、関数を利用したScreen（画面）の範囲でのみ利用可能になります。

　例えば、Screen1とScreen2があるアプリがあるとします。Screen1でコンテキスト変数Aを宣言した場合、その変数Aの利用範囲はScreen1のみですよ、ということです。

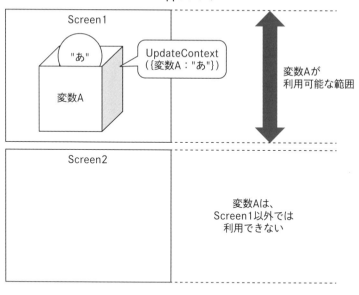

図3.85　コンテキスト変数のスコープ

　イメージ図のように、別画面のScreen2では変数Aは利用できません。この変数の利用可能な範囲（イメージ図、矢印の範囲）を"スコープ"と表現します。つまり、UpdateContext関数で宣言したコンテキスト変数のスコープは、その画面内のみです、というコトになりますね。プログラミング言語経験者の方であれば"ローカル変数"と伝えると分かりやすいと思います。コンテキスト変数は"その画面内でしか利用できない"という特性を活かして、他の画面では利用する必要のない値を保持する際に活躍します。

　Set関数で宣言した変数は「グローバル変数」になります。グローバル変数は、アプリ内であれば画面（Screen）をまたいでも利用できる特性があります。再び、Screen1とScreen2があるアプリを例にしてみます。今度は変数BをScreen1でグローバル変数として宣言したイメージです。

　変数Bは、Screen1でもScreen2でも利用可能になります。スコープがアプリ内ですよ、ということですね。グローバル変数は、アプリ内のどこからでも利用したい値などを格納しておくのに便利です。

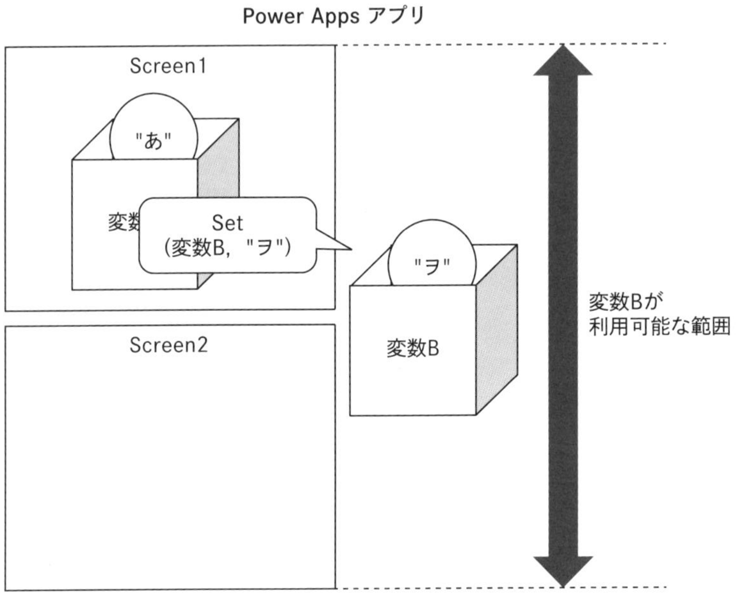

図3.86 グローバル変数のスコープ

　グローバル変数は便利である反面、変数の中身である値の変更がドコから
でも実施できる、というコトでもあります。別の画面で誤って値を壊してし
まう、などの可能性がある、ということです。加えて、グローバル変数を大
量に宣言するとメモリーを消費して、アプリのレスポンスに影響を与える可
能性があります。アプリの全体で利用する必要がない変数であれば、コンテ
キスト変数で利用するのがおススメです。

　小難しい話題を出しましたが、簡単に以下の2点を覚えればOKです！

- その画面でしか使わない変数 ＝ コンテキスト変数で宣言
（UpdateContext関数）
- アプリ全体で使わざるを得ない変数 ＝ グローバル変数（Set関数）

　ちなみに、変数を宣言するときの命名方法で「その変数がコンテキスト変
数なのか？グローバル変数なのか？」を区別するテクニックがあります。

- コンテキスト変数

  先頭をlocで始めて、英単語の先頭を大文字、それ以降は小文字

  　例：locSuccessMessage

- グローバル変数

  先頭をgblで始めて、英単語の先頭を大文字、それ以降は小文字

  　例：gblUserName

　これらは命名規則と呼ばれるルールです。このルールに従うことで「loc で始まるから、この変数はコンテキスト変数だな！」といったように数式バーを見た瞬間に判断できます。少しの手間で便利になります。

　Microsoft社からガイドラインが提供されています。ぜひ一読ください。

- PowerApps canvas app coding standards and guidelines
  https://aka.ms/powerappscanvasguidelines

申請一覧部を作成する

　画面の中央に、アプリを利用するユーザーの部下の申請内容を表示させましょう。

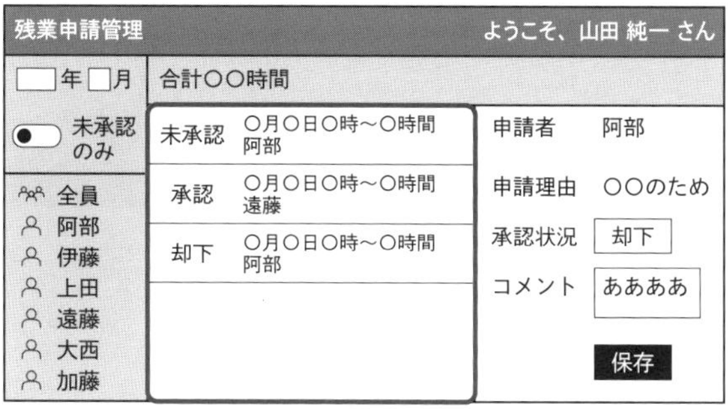

(3)申請一覧部

図3.87　領域と機能

先ほど作成した検索条件指定部とも連動させます。

▶ 申請内容一覧の見た目をカスタマイズする

ギャラリーコントロールを追加し、表示する内容を設定します。

①［挿入］-［ギャラリー］-［縦方向(空)］をクリックしてギャラリー
コントロールを追加します。
②［データソースの選択］では［残業申請］リストを選択しておきます。
［データソースの選択］ウィンドウが表示されない場合は、追加した
ギャラリーコントロールのItemsプロパティに"残業申請"と入力して
おきます。

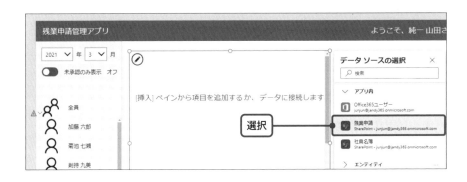

図3.88　［残業申請］リストを選択するか、またはItemsプロパティを設定

③追加したギャラリーコントロールのプロパティを以下のように設定
します。

表3.27　ギャラリーコントロールのプロパティ

プロパティ	設定値
X	280
Y	128
Width	640
Height	640

図3.89　ギャラリーコントロールのプロパティを設定

　続いてギャラリーコントロール内を整えていきます。第2章の残業申請ア
プリの一覧画面と同じ要領で作成していきましょう。
　まずは承認状況を表示します。

④ギャラリーコントロール左上の鉛筆マークをクリックし、［挿入］-
　［ラベル］をクリックしてギャラリーコントロール内にラベルコント
　ロールを追加します。

図3.90　ラベルコントロールを追加

⑤追加したラベルコントロールのプロパティを以下のように設定します。
Textプロパティ〜BorderColorプロパティの数式は、第2章の申請ア
プリで紹介したものと同じです。

表3.28　ラベルコントロールのプロパティ

プロパティ	設定値
Size	14
X	30
Y	35
Width	80
Height	40
Text	ThisItem.承認状況.Value
Align	Align.Center
Color	Switch(ThisItem.承認状況.Value, 　　　"未承認", Gray, 　　　"承認", DodgerBlue, 　　　"却下", Red)
BorderStyle	Solid
BorderColor	Self.Color

図3.91　ラベルコントロールのプロパティを設定

残業開始日時と残業時間を表示します。

⑥ [挿入] - [ラベル] をクリックしてギャラリーコントロール内にラベルコントロールを追加し、プロパティを以下のように設定します。Textプロパティの数式は、第2章の申請アプリで紹介したものと同じです。

表3.29　ラベルコントロールのプロパティ

プロパティ	設定値
Size	18
X	140
Y	10
Width	400
Height	30
Text	Text(ThisItem.残業開始日時, "[$-ja]yyyy/mm/dd hh:mm") & " 〜 " & ThisItem.残業時間 & " 時間"
FontWeight	FontWeight.Semibold

図3.92　ラベルコントロールを追加しプロパティを設定

序章
第1章
第2章
第3章
第4章
第5章
PowerAppsで業務効率化 〜申請承認編〜

申請者を表示します。

⑦ ［挿入］-［ラベル］をクリックしてギャラリーコントロール内にラ
ベルコントロールを追加し、プロパティを以下のように設定します。

表3.30　ラベルコントロールのプロパティ

プロパティ	設定値
Size	14
X	140
Y	40
Width	400
Height	30

Text	`If(`
	`    IsBlank(ThisItem.申請者メールアドレス),`
	`    Blank(),`
	`    "申請者:" & Office365ユーザー`
	`    .UserProfileV2(ThisItem.申請者メールアドレス).`
	`    displayName`
	`)`

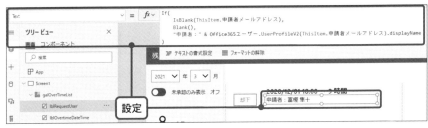

図3.93　ラベルコントロールを追加しプロパティを設定

　Textプロパティを見てみましょう。If関数で表示する内容を変更していま
す。

序章

第1章

第2章

第3章

第4章

第5章

PowerAppsで業務効率化〜申請承認編〜

```
  If(
第1引数  IsBlank(ThisItem.申請者メールアドレス),
第2引数  Blank(),
第3引数  "申請者：" & Office365ユーザー.UserProfileV2(ThisItem.申
        請者メールアドレス).displayName
        )
```

　IsBlank関数は、引数の値が空の場合にtrueを返す関数でしたね。つまり、申請者メールアドレスが空の場合はIf関数の条件がtrueとなります。

　trueの場合はIf関数の第2引数であるBlank()つまり空白を表示し、falseの場合はIf関数の第3引数で検索指定部でも紹介した**Office365ユーザー.UserProfileV2**を利用して申請者メールアドレスから申請者名を取得しています。

---

column

申請者メールアドレスが空の場合を考慮する理由

　一言でお伝えすると、**Office365ユーザー.UserProfileV2**の挙動にクセがあるためです。UserProfileV2関数は、引数が正常に取得できない場合に図のようなエラーを表示します。

図の例では、2021年3月の申請を表示しようとしていますが、まだ誰も申請をしていないため申請内容一覧のギャラリーコントロールには何も表示されていません。それなのに、UserProfileV2関数がエラーを出力しています。

　ギャラリーコントロールに表示するレコードがない場合であっても、実際には裏側で処理されているようです。

　申請内容一覧のギャラリーコントロールに表示するレコードがない場合、UserProfileV2関数の引数として設定されている"ThisItem.申請者メールアドレス"は値が空っぽになるため、UserProfileV2関数がエラーを表示してしまうんですね。そこで、"ThisItem.申請者メールアドレス"が空の場合はUserProfileV2関数を使用しないように制御しているのでした。

　ちなみに、画面左側にある社員一覧のギャラリーコントロール内で使用しているUserProfileV2関数で同様の対策を行っていない理由は、実運用時に社員一覧が空の状態で処理をするケースがないと判断したためです。

残業理由を表示します。

⑧ ［挿入］-［ラベル］をクリックしてギャラリーコントロール内にラベルコントロールを追加し、プロパティを以下のように設定します。

表3.31　ラベルコントロールのプロパティ

プロパティ	設定値
Size	14
X	140
Y	70
Width	400
Height	30
Text	"理由：" & ThisItem.残業理由
VerticalAlign	VerticalAlign.Top

序章
第1章
第2章
第3章
第4章
第5章
Power Apps で業務効率化 ～申請承認編～

図3.94　ラベルコントロールを追加しプロパティを設定

　残業理由の記載が長い場合は文字が見切れますが、見切れた文字はこの後追加する編集フォームコントロール上で確認してもらうようにしましょう。

ギャラリーコントロール内がおおよそ整いました。

　⑨各レコードの隙間が広すぎるので、ギャラリーコントロールのTem-
　plateSizeプロパティを125に設定します。

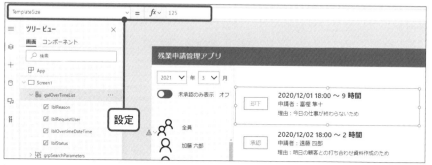

図3.95　ギャラリーコントロールのTemplateSizeプロパティを125に設定

　TemplateSizeとは、1レコードにおける縦幅を設定するプロパティです
（横方向ギャラリーコントロールの場合は1レコードにおける横幅を設定する
プロパティ）。

　このままでは各レコードの区切りがわかりづらいので、各申請の間に罫線
を引きましょう。残念ながらPower Appsには罫線というコントロールがな
いため、四角形で代用します。

⑩ ［挿入］-［アイコン］-［四角形］をクリックしてギャラリーコント
　ロール内に四角形のアイコンコントロールを追加し、プロパティを
　以下のように設定します。

表3.32　四角形のアイコンコントロールのプロパティ

プロパティ	設定値
X	0
Y	123
Width	Parent.TemplateWidth
Height	2
BorderThickness	0
Fill	WhiteSmoke
PressedFill	Self.Fill
HoverFill	Self.Fill

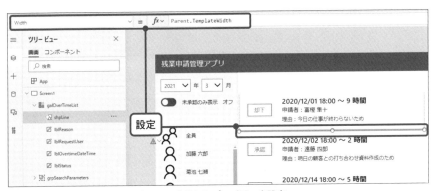

図3.96　四角形のアイコンコントロールを追加しプロパティを設定

　Widthは、親であるギャラリーコントロールの1レコードの横幅を示す
TemplateWidthプロパティを参照しています。

TIPS

ギャラリーコントロールに横線を置く際の注意事項

　線の太さを表現しているアイコンコントロールのHeightは、自由な数値が設定できます。ただし、ギャラリーコントロールの中に置く場合は、ギャラリーコントロールのBorderThicknessとは異なる値に設定してください。

　筆者の検証によりますと、四角形のアイコンコントロールのHeightプロパティの数値と、ギャラリーコントロールのBorderThicknessプロパティに指定した数値が等しい場合、ギャラリーコントロールをスクロールした際などに線の表示が消失する事象を確認しております（2021/3/21現在）。

▶ 申請内容一覧の表示データをカスタマイズする

　続いて、ギャラリーコントロールに表示する内容を絞り込んでみましょう。ギャラリーコントロールに何のデータを表示するかは、ギャラリーコントロールのItemsプロパティで設定します。

　表示する内容は、検索条件指定部で作成した以下の3つの機能に応じて切り替えられるようにします。

- 選択した年月の申請のみを表示する
- 未承認の申請のみを表示する、またはすべてのステータスの申請を表示する
- 選択した社員の申請のみを表示する、または部署内の全員分の申請を表示する

　まずは部署内の申請をすべて表示してみましょう。現在は他部署の申請も含まれていますので、これを現在アプリを利用しているユーザーと同じ部署のみに限定します。なお、あらかじめ条件に合致するテストデータがSharePoint Onlineカスタムリストに登録されているかどうかも確認しておくとよいです。

①ギャラリーコントロールのItemsプロパティを以下のように設定します。

表3.33　Itemsプロパティ

プロパティ	設定値

Items	`Filter(`
	　　`残業申請,`
	　　`申請者部署名 = LookUp(社員名簿, Email = User().`
	`Email).部署名`
	`)`

図3.97　Itemsプロパティを設定

　Filter関数の第1引数は処理をしたいデータソース名です。第2引数以降には抽出条件を記載しますので、このFilter関数には抽出条件が1つあることが分かります。抽出条件では、申請者部署名の列の値が現在アプリを利用しているユーザーの部署と同じもののみを抽出しています。

　「**LookUp(社員名簿, Email = User().Email).部署名**」は、現在アプリを利用しているユーザーの部署名を社員名簿リストから抽出する処理でしたね。

　これに加えて「一般社員の申請のみに限定する条件はいらないの？」と思われる方もいらっしゃるかもしれませんが、そもそもJの会社では残業を申請するのは一般社員のみですので、その条件は不要と判断してよいでしょう。

　なお、ここでも委任に関する警告が表示されていますが、委任に関する警告は後半の章で解説します。

　前述の①をベースに（2）の検索条件指定部の各条件を加えていきましょう。まずは選択した年月の申請のみを表示するよう書き加えます。

　②ギャラリーコントロールのItemsプロパティを以下のように設定します。設定値の色文字の箇所が追記箇所になります。

表3.34 Itemsプロパティ

プロパティ	設定値
Items	Filter(　残業申請, 　申請者部署名 = LookUp(社員名簿, Email = User(). 　Email).部署名, 　残業開始日時 >= Date(drpSelectYear.Selected. 　Value, drpSelectMonth.Selected.Value, 1), 　残業開始日時 < DateAdd(Date(drpSelectYear.Selected. 　Value, drpSelectMonth.Selected.Value, 1), 1, 　Months))

図3.98 Itemsプロパティを設定

　「申請者部署名 = LookUp(社員名簿, Email = User().Email).部署名」の後ろにカンマを付与することをお忘れなく。

　追加した処理内容は「残業開始日時が今月1日以上、来月1日未満の申請」を抽出するものです。式を見ていきましょう。

　Filter関数に第3、第4引数が加わり、抽出条件が3つになりました。Filter関数の第3引数にはDate関数が記載されています。Date関数は、年、月、日の値を引数として渡すことで、日付を返してくれる関数です。

```
Date(drpSelectYear.Selected.Value, drpSelectMonth.
         第1引数                        第2引数

Selected.Value, 1)
                第3引数
```

Date関数の第1引数には年を選択するドロップダウンで選択された値が、第2引数には月を選択するドロップダウンで選択された値が、第3引数には1が直接入力されています。つまり、このDate関数は検索条件指定部のドロップダウンで選択された年月の1日を返していることが分かります。これを踏まえると、Filter関数の第3引数は残業開始日時が指定した年月の1日以上であるという条件であることが分かります。

Filter関数の第4引数には、先ほど第3引数で登場したDate関数がDateAdd関数で囲われています。DateAdd関数は、とある日付からどの単位でどれくらい日付を加算するかを計算する関数です。

```
DateAdd(Date(drpSelectYear.Selected.Value, drpSelect
        第1引数

Month.Selected.Value, 1), 1, Months)
        第2引数     第3引数
```

DateAdd関数の第1引数には先ほど登場したDate関数つまり指定した年月の1日の値が、第2引数には1が、第3引数には"Months"が入力されています。つまり、このDateAdd関数は検索条件指定部のドロップダウンで選択された年月の翌月1日を返していることが分かります。これを踏まえると、Filter関数の第4引数は残業開始日時が指定した年月の翌月1日未満であるという条件であることが分かります。

以上から、このFilter関数を用いることで"検索条件指定部のドロップダウンで選択された年月の部署内の申請のみ"を一覧表示することができます。

検索条件指定部の年月を変更し、問題なく動作するか検証してみてください。

続いて、未承認の申請のみ表示するか全件表示するかの処理を加えます。ここでは、検索条件指定部の切り替えスイッチがONになっているかどうかでFilter関数の記載内容が変わりますので、If関数を用いて条件分岐させます。

③ギャラリーコントロールのItemsプロパティを以下のように設定します。
設定値の色文字の箇所が追記箇所になります。

表3.35　Itemsプロパティ

プロパティ	設定値
Items	If(tglUnapproved.Value = true, 　　Filter(　　　　残業申請, 　　　　申請者部署名 = LookUp(社員名簿, Email = User(). 　　　　Email).部署名, 　　　　残業開始日時 >= Date(drpSelectYear.Selected. 　　　　Value, drpSelectMonth.Selected.Value, 1), 　　　　残業開始日時 < DateAdd(Date(drpSelectYear. 　　　　Selected.Value, drpSelectMonth.Selected. 　　　　Value, 1), 1, Months), 　　　　承認状況.Value = "未承認" 　　), 　　Filter(　　　　残業申請, 　　　　申請者部署名 = LookUp(社員名簿, Email = User(). 　　　　Email).部署名, 　　　　残業開始日時 >= Date(drpSelectYear.Selected. 　　　　Value, drpSelectMonth.Selected.Value, 1), 　　　　残業開始日時 < DateAdd(Date(drpSelectYear. 　　　　Selected.Value, drpSelectMonth.Selected. 　　　　Value, 1), 1, Months) 　　))

図3.99　Itemsプロパティを設定

急にボリュームが増えましたが、やっていることは簡単です。

```
切り替えスイッチがONか？
If(tglUnapproved.Value = true,
    Filter(                        切り替えスイッチがONの時の処理
        ～
    ),
    Filter(                        切り替えスイッチがOFFの時の処理
        ～                         (②の処理のまま)
    )
)
```

　If関数の第1引数で切り替えコントロールの値がtrueかどうかを判定しています。trueの場合は1つ目のFilter関数を実行し、falseの場合は2つ目のFilter関数を実行しているだけです。trueの場合のFilter関数は、②のFilter関数に第5引数として承認状況が未承認かどうかの抽出条件を追加したものを記載しています。falseの場合のFilter関数は、②のFilter関数をそのまま置いています。

　ボリュームの割には大した処理を書いていないことがお分かりいただけたかと思います。

　③と同じ要領で、選択した社員の申請のみを表示する、または部署内の全員分の申請を表示する処理を加えます。ここでも、社員を選択したか"全員"を選択したかどうかでFilter関数の記載内容が変わりますので、If関数を追加して条件分岐させます。

　④ギャラリーコントロールのItemsプロパティを以下のように設定します。
　設定値の色文字の箇所が③からの追記箇所になります。

表3.36　Itemsプロパティ

プロパティ	設定値
| Items | ```
If(IsBlank(locSelectUser),
    If(tglUnapproved.Value = true,
        Filter(
            残業申請,
            申請者部署名 = LookUp(社員名簿, Email =
            User().Email).部署名,
            残業開始日時 >= Date(drpSelectYear.Selected.
            Value, drpSelectMonth.Selected.Value, 1),
            残業開始日時 < DateAdd(Date(drpSelectYear.
            Selected.Value, drpSelectMonth.Selected.
            Value, 1), 1, Months),
            承認状況.Value = "未承認"
        ),
        Filter(
            残業申請,
            申請者部署名 = LookUp(社員名簿, Email =
            User().Email).部署名,
            残業開始日時 >= Date(drpSelectYear.Selected.
            Value, drpSelectMonth.Selected.Value, 1),
            残業開始日時 < DateAdd(Date(drpSelectYear.
            Selected.Value, drpSelectMonth.Selected.
            Value, 1), 1, Months)
        )
    ),
    If(tglUnapproved.Value = true,
        Filter(
            残業申請,
            申請者メールアドレス = locSelectUser,
            残業開始日時 >= Date(drpSelectYear.Selected.
            Value, drpSelectMonth.Selected.Value, 1),
            残業開始日時 < DateAdd(Date(drpSelectYear.
            Selected.Value, drpSelectMonth.Selected.
            Value, 1), 1, Months),
            承認状況.Value = "未承認"
        ),
        Filter(
            残業申請,
            申請者メールアドレス = locSelectUser,
            残業開始日時 >= Date(drpSelectYear.Selected.
            Value, drpSelectMonth.Selected.Value, 1),
            残業開始日時 < DateAdd(Date(drpSelectYear.
            Selected.Value, drpSelectMonth.Selected.
            Value, 1), 1, Months)
        )
    )
)
``` |

序章
第1章
第2章
第3章
第4章
第5章
PowerAppsで業務効率化〜申請承認編〜
```

図3.100　Itemsプロパティを設定

さらにボリュームが増えましたが、ひとつずつ解析しましょう。

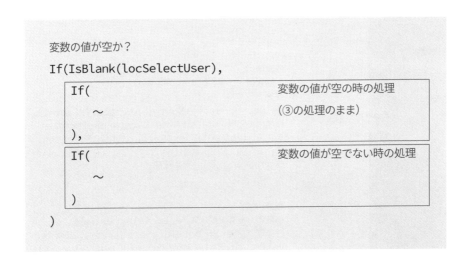

先頭のIf関数の第1引数でユーザーの選択が"全員"かどうかを判定して
います。IsBlank関数は、引数の値が空かどうかをtrue/falseで返す関数です。
選択したユーザーのメールアドレスを格納する変数locSelectUserをIsBlank

関数の引数に設定することで、変数の中身が空かどうかを判断することができます。

trueの場合は"全員"を選択していることになりますので、③の処理をそのまま置いています。falseの場合はいずれかのユーザーを選択していることになるので、選択されたユーザーかどうかの条件を加えています。選択されたユーザーかどうかの条件があれば部署の条件は不要です。③の処理の部署の条件を選択されたユーザーかどうかの条件に書き換えただけの処理をfalseの場合として置きました。

こちらも、1つずつ解析すれば把握できたかと思います。

必要な表示条件をすべて盛り込みましたので、最後にソートの機能を加えます。

⑤ギャラリーコントロールのItemsプロパティを以下のように設定します。設定値の色文字の箇所が④からの追記箇所になります。

表3.37　Itemsプロパティ

プロパティ	設定値
| Items | ```
Sort(
    If(IsBlank(locSelectUser),
        If(tglUnapproved.Value = true,
            Filter(
                残業申請,
                申請者部署名 = LookUp(社員名簿, Email = User().
                Email).部署名,
                残業開始日時 >= Date(drpSelectYear.Selected.Value,
                drpSelectMonth.Selected.Value, 1),
                残業開始日時 <  DateAdd(Date(drpSelectYear.
                Selected.Value, drpSelectMonth.Selected.Value,
                1), 1, Months),
                承認状況.Value = "未承認"
            ),
            Filter(
                残業申請,
                申請者部署名 = LookUp(社員名簿, Email = User().
                Email).部署名,
                残業開始日時 >= Date(drpSelectYear.Selected.Value,
                drpSelectMonth.Selected.Value, 1),
                残業開始日時 <  DateAdd(Date(drpSelectYear.
                Selected.Value, drpSelectMonth.Selected.Value,
                1), 1, Months)
            )
        ),
``` |
```

```
If(tglUnapproved.Value = true,
    Filter(
        残業申請,
        申請者メールアドレス = locSelectUser,
        残業開始日時 >= Date(drpSelectYear.Selected.Value,
        drpSelectMonth.Selected.Value, 1),
        残業開始日時 < DateAdd(Date(drpSelectYear.
        Selected.Value, drpSelectMonth.Selected.Value,
        1), 1, Months),
        承認状況.Value = "未承認"
    ),
    Filter(
        残業申請,
        申請者メールアドレス = locSelectUser,
        残業開始日時 >= Date(drpSelectYear.Selected.Value,
        drpSelectMonth.Selected.Value, 1),
        残業開始日時 < DateAdd(Date(drpSelectYear.
        Selected.Value, drpSelectMonth.Selected.Value,
        1), 1, Months)
    )
  )
),
残業開始日時
)
```

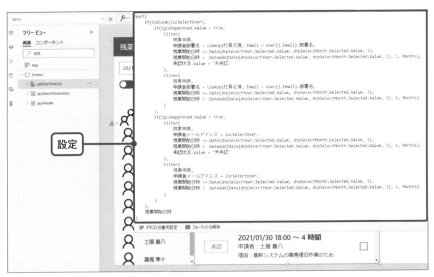

図3.101 Itemsプロパティを設定

やったことは、④で設定した設定値を丸ごとSort関数で包んだだけです。

Sort関数の第1引数にはテーブル型の値が入ります。④の設定値は何かしらテーブル型の値を返しますので、そのままSort関数の第1引数にできるんですね。Sort関数の第2引数には並び替えたい列として残業開始日時を指定しています。第3引数が省略されている場合は昇順で並べることを意味しますので、ここでは残業開始日時の昇順で並べるということになります。

▶ 編集フォーム部を作成する

画面の右側に、承認作業を行うためのフォームを表示させましょう。

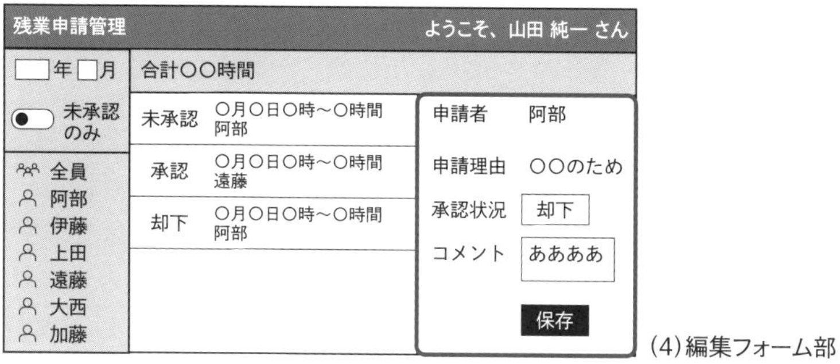

図3.102　領域と機能

申請者が入力した情報を承認者が誤って書き換えてしまわないよう、承認者が入力する項目以外は表示のみ、または非表示にします。

① ［挿入］-［フォーム］-［編集］から編集フォームコントロールを追加し、プロパティを以下のように設定します。

表3.38　編集フォームコントロールのプロパティ

プロパティ	設定値
X	920
Y	128
Width	446
Height	640

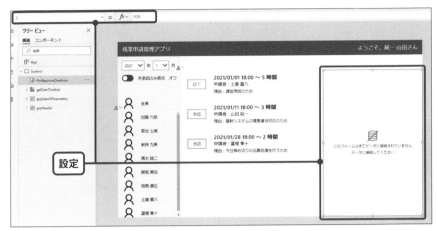

図3.103 編集フォームコントロールを追加しプロパティを設定

②編集フォームコントロールを選択した状態で、画面右側のプロパティの [データ ソース] で [残業申請] リストを選択します。

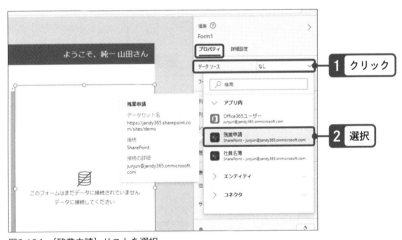

図3.104 [残業申請] リストを選択

編集フォームコントロールに自動でカードコントロールが追加されます。

③編集フォームコントロールに表示する内容を設定します。
編集フォームコントロールのItemプロパティを以下のように設定します。

galOverTimeListは画面中央に配置したギャラリーコントロールの名前です。別の名前にした場合はその名前を指定してください。

表3.39　Itemプロパティ

プロパティ	設定値
Item	galOverTimeList.Selected

図3.105　Itemプロパティを設定

編集フォームコントロール内の表示が狭苦しいので先に整えます。

④編集フォームコントロールを選択した状態で、画面右側のプロパティの［列］を1に設定します。

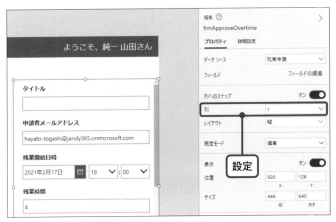

図3.106　［列］を1に設定

　入力しやすくなりました。無駄なスペースが多いので、テキスト入力欄を列名の横に配置させます。

　⑤編集フォームコントロールを選択した状態で、画面右側のプロパティの［レイアウト］を［横］に設定します。

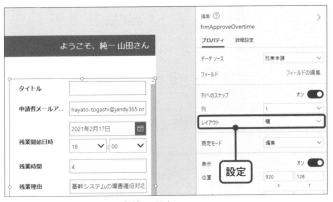

図3.107　［レイアウト］を［横］に設定

続いて、編集フォームコントロール内のカードコントロールを整えます。

⑥編集フォームコントロールを選択した状態で画面右側のプロパティ
　の［フィールドの編集］をクリックし、フィールドウィンドウを表
　示させます。

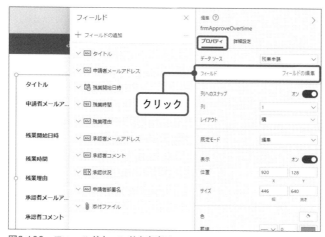

図3.108　フィールドウィンドウを表示

不要なフィールドを整理します。

⑦フィールド名にマウスを合わせ、表示される［…］をクリックし、
　削除をクリックします。ここでは［タイトル］、［申請者部署名］、［添
　付ファイル］を削除します。

⑧列名をドラッグし、順番を変更します。

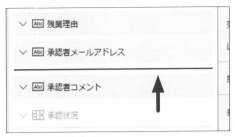
図3.109　順番を変更

　ここでは以下の順番にしました。列が足りていない場合は［フィールドの追加］から追加してください。

図3.110　順番

⑨残った列の一部を表示用に変更します。ここでは以下のように設定します。

表3.40　列の一部を表示用に変更

表示名	フォーム上の扱い
申請者メールアドレス	表示のみ
残業開始日時	表示のみ
残業時間	表示のみ
残業理由	表示のみ
承認者メールアドレス	編集
承認状況	編集
承認者コメント	編集

　表3.40の"表示のみ"になっている各フィールドをクリックし、[コントロールの種類]で[テキストの表示]を選択します。

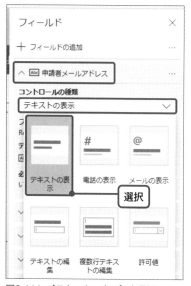

図3.111　[テキストの表示]を選択

　⑩カードコントロール[申請者メールアドレス_DataCard2]のロックを解除し、カードコントロールのプロパティを以下のように設定します。

序章
第1章
第2章
第3章
第4章
第5章
Power Apps で業務効率化 ～申請承認編～

表3.41 申請者メールアドレスのカードコントロールのプロパティ

プロパティ	設定値
DisplayName	"申請者"

Default	If(
	    IsBlank(ThisItem.申請者メールアドレス),
	    Blank(),
	    Office365ユーザー.UserProfileV2(ThisItem.申請者メールアドレス).displayName
	)

図3.112 カードコントロールのプロパティを設定

　Defaultプロパティの数式は、申請内容一覧のギャラリーコントロール内の申請者の部分とほとんど同じです。

　承認者メールアドレスには自分のメールアドレスを入れることになるので、自動で入力されるようにしましょう。

　⑪カードコントロール［承認者メールアドレス_DataCard1］のロックを解除し、カードコントロールのDefaultプロパティをUser().Emailに設定します。

図3.113　カードコントロールのプロパティを設定

　カードコントロール内のテキスト入力コントロールに自分のメールアドレスが表示されました。ただし、これでは、すでに別の人が承認作業をした申請を開いた際も常に自分のメールアドレスが表示されてしまいます。

　そこで、上記のテキスト入力コントロールは非表示にし、別途追加するラベルコントロールに現在SharePoint Onlineカスタムリストに格納されているデータを表示させます。

　⑫カードコントロール［承認者メールアドレス_DataCard1］内にあるテキスト入力コントロール［DataCardValue5］のプロパティを以下のように設定します。

表3.42　テキスト入力コントロールのプロパティ

プロパティ	設定値
Visible	false

図3.114　テキスト入力コントロールのプロパティを設定

序章

第1章

第2章

第3章

第4章

第5章

Power Apps で業務効率化 〜申請承認編〜

非表示になりました。

親であるカードコントロール［承認者メールアドレス_DataCard1］の
Updateプロパティは非表示にしたテキスト入力コントロールの値となって
いますので、非表示にしても値は正常に登録されます。

⑬カードコントロール［承認者メールアドレス_DataCard1］内のコン
　トロールを選択した状態でラベルコントロールを追加し、プロパテ
　ィを以下のように設定します。
　位置やサイズはお好きなところに配置してください。

表3.43　ラベルコントロールのプロパティ

プロパティ	設定値
Text	If(　IsBlank(ThisItem.承認者メールアドレス), 　Blank(), 　Office365ユーザー.UserProfileV2(ThisItem.承認者メー 　ルアドレス).displayName)

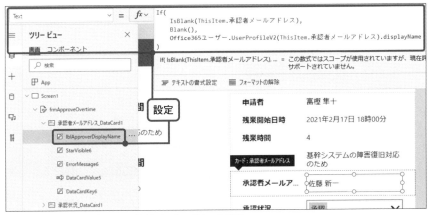

図3.115　ラベルコントロールを追加しプロパティを設定

Textプロパティは、カードコントロール［申請者メールアドレス_DataC-
ard2］のDefaultプロパティに設定した内容の"申請者メールアドレス"を

"承認者メールアドレス"に書き換えただけです。これで、承認作業時は自
動で自分のメールアドレスが登録され、表示上は承認作業を行ったユーザー
の名前がラベルコントロールに表示されるようになります。

　いずれの場合も承認作業を行うと承認者メールアドレスの列には自分のメ
ールアドレスが上書きされます。

図3.116　承認作業済みの申請を選択した場合の表示内容

図3.117　承認作業がされていない申請を選択した場合の表示内容

　承認者メールアドレスの部分は承認者名の表示に変えましょう。

⑭カードコントロール［承認者メールアドレス_DataCard1］のDisplayName
　プロパティを"承認者"に設定します。

序章
第1章
第2章
第3章
第4章
第5章
PowerAppsで業務効率化 ～申請承認編～

図3.118　承認者メールアドレスのカードコントロールのプロパティを設定

　承認者コメントの欄が狭いので、縦に広げて複数行入力できるようにします。

　　⑮編集フォームコントロールのフィールドウィンドウで［承認者コメント］のフィールドをクリックし、［コントロールの種類］で［複数行テキストの編集］を選択します。

図3.119　［複数行テキストの編集］を選択

　登録ボタンを追加し、登録処理を追加します。

　　⑯［挿入］-［ボタン］でボタンコントロールを追加し、プロパティを以下のように設定します。位置やサイズはお好きなところに配置してください。

表3.44　ボタンコントロールのプロパティ

プロパティ	設定値
Text	"保存"
OnSelect	SubmitForm(frmApproveOvertime)

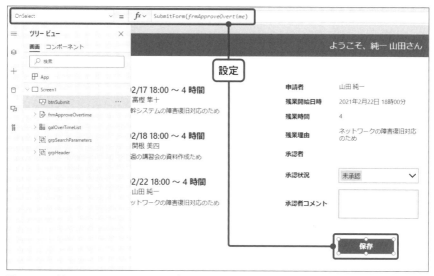

図3.120　ボタンコントロールを追加しプロパティを設定

　ボタンコントロールをクリックした際に処理されるOnSelectプロパティには、フォームコントロールの内容をデータソースに反映するSubmitForm関数を設定しています。引数は編集フォームコントロール名です。

　編集フォームコントロールの左隣のギャラリーコントロールとの境目が分かりづらいので境界線を置きます。

　⑰　［挿入］-［アイコン］-［四角形］をクリックして四角形のアイコンコントロールを追加し、プロパティを以下のように設定します。

表3.45　四角形のアイコンコントロールのプロパティ

プロパティ	設定値
Fill	LightGray
X	920
Y	128
Width	2
Height	640
BorderThickness	0
PressedFill	Self.Fill
HoverFill	Self.Fill

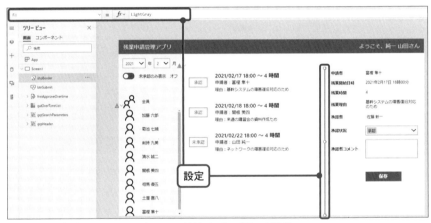

図3.121　四角形のアイコンコントロールを追加しプロパティを設定

　これで編集フォーム部は完成です。追加したコントロールをグループ化します。

　⑱編集フォーム部のコントロール（編集フォームコントロール、ボタンコントロール、四角形アイコンコントロール）を選択し、［ホーム］-［グループ］-［グループ］をクリックします。

図3.122　追加したコントロールをグループ化

column

SubmitForm関数の仕組み

　SubmitForm関数はフォームコントロール名を引数として設定するだけのシンプルな関数ですが、その裏側では様々な処理をしてくれている縁の下の力持ちです。

　ここでは、その基本動作から「え？そんなことまで勝手にやってくれるの？！」という機能まで、SubmitForm関数が持つ5大機能について紹介します。

1. データソースにデータを送信してくれる

　これは本関数の基本機能です。どのデータソースにデータを送信するかは、引数として設定したフォームコントロールのDataSourceプロパティで設定されています。

序章
第1章
第2章
第3章
第4章
第5章

PowerAppsで業務効率化〜申請承認編〜

2. データソースに送信する前に入力チェックをしてくれる

　SubmitForm関数が実行されると、データを送信する前に必要な情報が入力されているかチェックをしてくれます。例えば、入力必須列に値が入力されていない場合は、データは送信せず、図のようにエラーを表示してくれます。

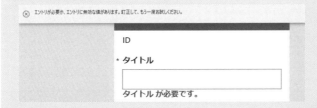

3. フォームコントロールの中から必要な情報を取り出してデータソースに送信してくれる

　データソースに送信するデータは、フォームコントロール内の各カードコントロールのUpdateプロパティに格納されています。

　SubmitForm関数は、現在フォームコントロール内にあるカードコントロールのUpdateプロパティの値を送信してくれます。

序章

第1章

第2章

第3章

第4章

第5章

PowerAppsで業務効率化〜申請承認編〜

以下、注意点です。

・カードコントロールが非表示の場合（Visibleプロパティがfalseの場合）で
　もデータを送信してくれる
・カードコントロールを用意していない列はデータを送信しない
・カードコントロールが編集用ではなく表示用の場合（Updateプロパティを
　持っていない場合）はデータを送信しない（図参照）

4. フォームコントロールのモードに応じてデータソースにレコードを追加す
るか既存のレコードを更新するかを判断してくれる
　フォームコントロールには入力したデータを登録/更新するためのモードが
2種類あり、これらのモードをNewForm関数やEditForm関数を用いて切り替え
ることができます。

・FormMode.Edit：編集モード
・FormMode.New：新規作成モード
（上記以外にデータソースの値を表示するFormMode.View：表示用モードが
ある）

SubmitForm関数はこのモードがNewならデータソースに新規でレコードを

追加し、モードがEditならレコードを更新してくれます。

　なお、モードがEditの場合に更新するレコードはフォームコントロールの Itemプロパティで設定されています。ギャラリーコントロールで選択されたレコードを指定することが多いかと思います。

5. 処理が完了した後に行いたい処理を実行するためのトリガーをくれる

　データソースから自動生成したアプリでは、データを新規登録したり更新したりすると自動的に前の画面に戻ります。実はその処理もSubmitForm関数が一役買っています。

　フォームコントロールのプロパティを見てみましょう。OnSuccessプロパティとOnFailureプロパティがあります。

SubmitForm関数はデータソースにデータを送信した後、データソース側の処理結果に応じてこのOnSuccessプロパティまたはOnFailureプロパティに記載された処理を自動実行します。

データソース側で正常に処理が完了した場合はOnSuccessプロパティを、データソース側に問題があったりPower Apps側からデータソースに合ったデータを送信しなかったりして処理が失敗した場合はOnFailureプロパティが実行されます。

図の例ではOnSuccessプロパティに前の画面に戻る処理を行うBack関数が記載されていますので、データが正常に登録された場合に前の画面に戻る動作を実現できるんですね。

▶ 追加機能部を作成する

申請一覧部の上に、選択したユーザーの合計残業時間を表示させます。

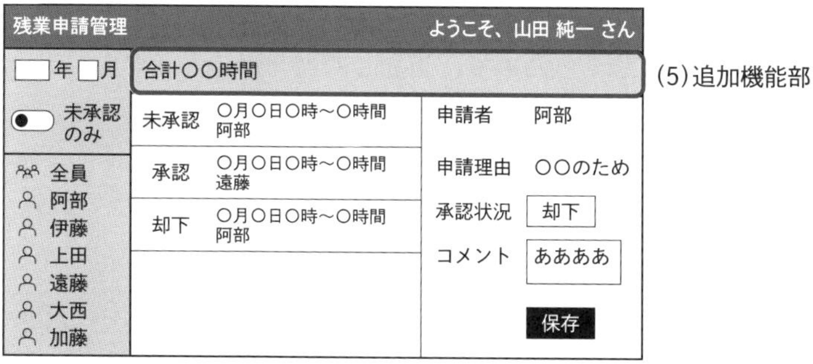

図3.123　領域と機能

エリアが見た目で区別できるように、背景をグレーにしましょう。

① ［挿入］-［アイコン］-［四角形］から四角形のアイコンコントロールを追加し、プロパティを以下のように設定します。色は検索条件指定部の背景と同じ薄いグレーにし、こちらは罫線をなしにしてみました。

表3.46　アイコンコントロールのプロパティ

プロパティ	設定値
Fill	WhiteSmoke
PressedFill	Self.Fill
HoverFill	Self.Fill
BorderStyle	None
X	0
Y	64
Width	Parent.Width
Height	64

図3.124　四角形のアイコンコントロールを追加しプロパティを設定

　検索条件指定部を隠してしまったので、追加した四角形のアイコンコント
ロールを最背面に配置しましょう。

　②四角形のアイコンコントロールを右クリックし、［再配列］-［最背面
　　へ移動］をクリックします。

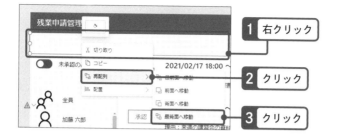

図3.125　最背面へ移動

ツリービュー上の一番下に移動しました。次は合計残業時間を表示します。

③［挿入］-［ラベル］からラベルコントロールを追加し、先ほどの四角形の上に配置します。プロパティを以下のように設定します。

表3.47　ラベルコントロールのプロパティ

プロパティ	設定値
Text	```Sum(
Filter(
残業申請,
申請者メールアドレス = locSelectUser,
残業開始日時 >= Date(drpSelectYear.Selected.Value, drpSelectMonth.Selected.Value, 1),
残業開始日時 < DateAdd(Date(drpSelectYear.Selected.Value, drpSelectMonth.Selected.Value, 1), 1, Months),
承認状況.Value = "承認"
),
残業時間
)```

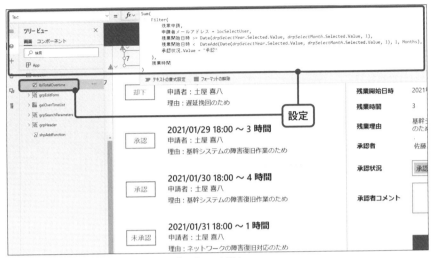

図3.126　ラベルコントロールを追加しプロパティを設定

　Sum関数は、引数の合計値を計算する関数です。Sum関数には2種類の引数の渡し方があります。

- ● 構文1
  Sum(数式1, 数式2, 数式3, …)
- ● 構文2
  Sum(テーブル, 列名など)

　構文1では、引数として渡した値の合計を算出してくれます。Sum(1, 2, 3)とすれば結果は6となりますし、Sum(Slider1.Value, Slider2.Value)とすれば結果はスライダーで設定された値の合計となります。
　構文2では、テーブルの各レコードについて合計を算出してくれます。先ほどの式では構文2で記述しています。例を見てみましょう。

序章

第1章

第2章

第3章

第4章

第5章

PowerAppsで業務効率化〜申請承認編〜

注文

商品名 ∨	単価 ∨	個数 ∨
いちご	400	1
りんご	200	3
みかん	100	2

図3.127　テーブルの各レコード

　Sum(注文，個数)とすると結果は注文テーブルの個数の列の合計である6となります。Sum(注文，単価*個数)とすると結果は各レコードについて単価と個数をかけた値の合計、つまり注文の合計額である1200となります。

　Sum関数の使い方をおおよそご理解いただいたところで、先ほどの式をもう一度見てみましょう。

```
Sum(
    Filter(
        残業申請,
        申請者メールアドレス = locSelectUser,
        残業開始日時 >= Date(drpSelectYear.Selected.
        Value, drpSelectMonth.Selected.Value, 1),
        残業開始日時 <  DateAdd(Date(drpSelectYear.
        Selected.Value, drpSelectMonth.Selected.Value,
        1), 1, Months),
        承認状況.Value = "承認"
    ),
    残業時間
)
```

第1引数

第2引数

第1引数では、残業申請リストから検索条件指定部で選択した年月、選択した社員で承認状況が承認のレコードをFilter関数で抽出しています。申請一覧部のギャラリーコントロールのItemsで、同じような処理を書いていますので参考にしてみてください。

　第2引数では第1引数のテーブルの残業時間列を指定していますので、指定年月、指定社員の承認された残業時間の合計、すなわち指定社員のその月の総残業時間が算出できます。

　図では試しに2021年1月で土屋さんを選択しています。承認されている2件の合計時間である7が表示されていますね。

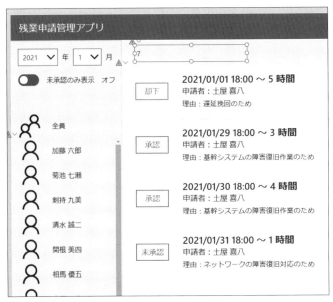

図3.128　土屋さんの合計時間

　数字だけだと分かりづらいので、説明を追加しておきましょう。

表3.48　説明を追加する

プロパティ	設定値
Text	"指定月の合計残業時間： " & Sum(　　　Filter(　　　　　残業申請, 　　　　　申請者メールアドレス = locSelectUser, 　　　　　残業開始日時 >= Date(drpSelectYear.Selected. 　　　　　Value, drpSelectMonth.Selected.Value, 1), 　　　　　残業開始日時 < DateAdd(Date(drpSelectYear. 　　　　　Selected.Value, drpSelectMonth.Selected. 　　　　　Value, 1), 1, Months), 　　　　　承認状況.Value = "承認" 　　　), 　　　残業時間) & "時間"

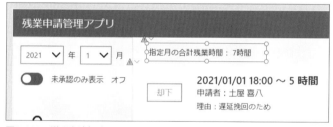

図3.129　説明を追加する

　ちなみに、このままでは承認が0件の場合や“全員”を選択した場合でも説明が表示されてしまいます。気になる方は、追加で条件を付与するなどしてみてください。

　これで追加機能部は完成です。追加したコントロールをグループ化します。

　④追加機能部のコントロール（四角形アイコンコントロール、ラベルコントロール）を選択し、［ホーム］-［グループ］-［グループ］をクリックします。

図3.130　コントロールをグループ化

▶ 表示を一工夫する

　ここまででひとまず完成なのですが、実際に動かしてみると現在選択されているユーザーや申請が分かりづらいことに気が付くと思います。そこで、「今誰を選択しているのか、どの申請を選択しているのか」が一目で分かるように表示を工夫してみましょう。まずはアプリ中央にある申請一覧のギャラリーコントロールから対応します。

　①選択したレコードの背景に色が付くよう、ギャラリーコントロールのTemplateFillプロパティを以下のように設定します。

表3.49　申請一覧のギャラリーコントロールのTemplateFillプロパティ

プロパティ	設定値

TemplateFill	`If(`
	`    Self.IsSelected = true,`
	`    AliceBlue,`
	`    Transparent`
	`)`

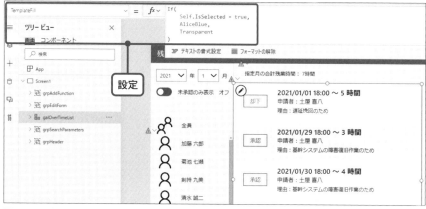

図3.131　申請一覧のギャラリーコントロールのTemplateFillプロパティを設定

　Selfは自分のコントロールであるギャラリーコントロールを指します。ギャラリーコントロールで選択されているレコードの場合は背景の色を［AliceBlue］に、それ以外は［Transparent］（透明）にしているだけです。

　続いてアプリ左側にある社員一覧のギャラリーコントロールです。

②選択したレコードの背景に色が付くよう、ギャラリーコントロールのTemplateFillプロパティを以下のように設定します。こちらは背景色を白にしてみます。

表3.50　社員一覧のギャラリーコントロールのTemplateFillプロパティ

プロパティ	設定値

TemplateFill	```If(
	    ThisItem.メールアドレス = locSelectUser,
	    White,
	    Transparent
	)```

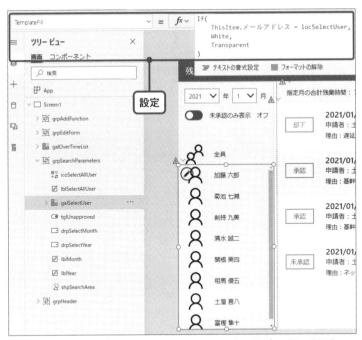

図3.132　社員一覧のギャラリーコントロールのTemplateFillプロパティを設定

　①の方法と比べてIf関数の第1引数が異なっています。理由は、社員一覧では［全員］を選択した場合は［全員］の部分にのみ色を付けたいためです。ギャラリーコントロールは、いずれのレコードも選択されていない状態にすることはできません。そのため、①の方法では必ずどこかに背景色が付いてしまうんですね。

　そこで「クリックしたユーザーのメールアドレスを格納する変数"locSelectUser"」を条件判定に利用することで以下のような制御が可能になります。

- 社員を選択した場合は選択されたレコードのメールアドレス列と変数の値は一致するため背景色が付く
- ［全員］を選択した場合は変数の値は空になるためギャラリーコントロールのいずれのレコードにも背景色が付かない

　最後に［全員］を選択した際に［全員］に背景色が付くようにします。［全員］の部分はギャラリーコントロールではないため、背景色を付けるための四角形を追加します。

　③［挿入］-［アイコン］-［四角形］から四角形のアイコンコントロールを追加し、プロパティを以下のように設定します。

表3.51　アイコンコントロールのプロパティ

プロパティ	設定値
Fill	White
PressedFill	Self.Fill
HoverFill	Self.Fill
X	icoSelectAllUser .X
Y	icoSelectAllUser .Y
Width	icoSelectAllUser .Width
Height	icoSelectAllUser .Height

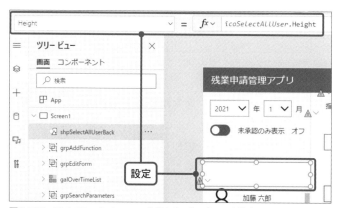

図3.133　アイコンコントロールを追加しプロパティを設定

　icoSelectAllUserは、［全員］の文字の左側に配置した人型のアイコンコントロール名です。アイコンコントロールと全く同じサイズ/位置に配置するためにX、Y、Width、Heightの値はアイコンコントロールの値を参照しています。

追加した四角形のアイコンコントロールを、検索条件指定部のグループに
取り込みます。

　　④両者を選択し、［ホーム］-［グループ］-［グループ］をクリックし
　　　ます。

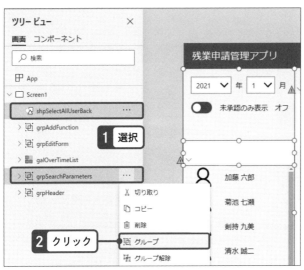

図3.134　検索条件指定部のグループに取り込む

　グループ名が初期化されますので、適宜修正します。
　このままでは追加した四角形のアイコンコントロールが［全員］の文字と
アイコンを隠してしまっているので、追加した四角形のアイコンコントロー
ルが［全員］の文字とアイコンよりも後ろになるようにします。

　　⑤［全員］の文字とアイコンのコントロールをあわせて選択状態にし
　　　たうえで右クリックし、［再配列］-［最前面へ移動］をクリックしま
　　　す。

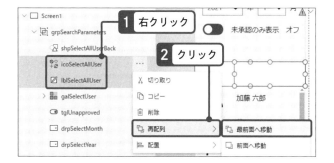

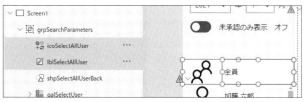

図3.135　最前面へ移動

⑥追加した四角形のアイコンコントロールを［全員］が選択されている時のみ表示するようにします。四角形のアイコンコントロールのVisibleプロパティを以下のように設定します。

表3.52　Visibleプロパティ

プロパティ	設定値

Visible	```If(
	    IsBlank(locSelectUser),
	    true,
	    false
	)```

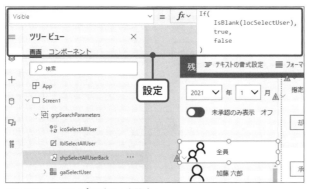

図3.136　Visibleプロパティを設定

　選択したユーザーのメールアドレスを格納する変数「locSelectUser」は
［全員］をクリックした際に空（Blank）にしますので、変数が空の場合に
のみ四角形のアイコンコントロールを表示するようにしています。
　以上で残業申請管理アプリの作成はひとまず終了です。

4 Power Automateとの連携（メール送信）

　業務アプリを作ると「メールで通知が欲しい」という要望がよくあります。
さて、どうやって対応しましょう。

忘れてた！

　ある程度アプリができあがってきたので「承認者の目線でチェックして
欲しい」と自分の上司にお願いをしておきました。
　「さすがに承認アプリは利用するのが役職者だから、事前に人柱欲しい
よねw」

　残業申請アプリの検証は他部署の社員にも手伝ってもらいました。今回
は、利用者がほとんど役職者ということもあり、他部署にお願いする前に

自分が所属する部署で仮運用しみよう、という作戦です。上司を巻き込んだ翌日、上司からチャットが飛んできました。

「昨日、承認アプリでキミの残業申請を承認したけど、メール飛んでる?」

「メール? はて?」

「あっしまった! メール送信の機能すっかり忘れてた!!」

慌てて自分の設計メモを読み返し、Power Appsのアプリも確認してみます。設計メモには「気づきが欲しいからメール送信する」と書いてあります。しかし、アプリにはメールに関する機能は欠片も見当たりません。

「すいません、すっかり忘れてました」

「Power Platformの仲間にオートメイト?っていうのがあるんだろ? それで簡単にメール送信できるってデモをどこかで見たよ。あったあった。これだ」

重要な機能の対応が漏れていたので怒られるかと思っていたJですが、想定していなかった返信に目を丸くしています。どうやら上司もPower Platformに興味をもって自分で調べていたようです。上司から共有されたURLをブラウザーで確認しながら、Jはメール送信機能の実装方法を考え始めました。

Power Appsからメール送信する

Power AppsからMicrosoft 365を利用してメールを送信する方法は大きく2つあります。

(1) Power Appsから直接Office 365 Outlookコネクタを利用する
(2) Power Automateを利用してOffice 365 Outlookコネクタを利用する

「どっちもOffice 365 Outlookコネクタを使うんじゃん」と思った方、正解です。どちらの手段でも以下のURLのコネクタを利用してメール送信を実現します。

● Office 365 Outlook コネクタ
https://docs.microsoft.com/ja-jp/connectors/office365/

Office 365 Outlookコネクタの［SendEmailV2］というアクションを利用します。SendEmailV2アクションには以下のパラメータを指定できます。

表3.53　SendEmailV2アクションのパラメータ

日本語	Key	必須	型	補足
宛先	To	○	email	
件名	Subject	○	string	
本文	Body	○	html	
送信者	From		email	※
CC	Cc		email	
BCC	Bcc		email	
添付ファイル	Attachments		Table	
返信される際のアドレス	ReplyTo		email	
重要度	Importance		string	High Low(デフォルト) Normal

※送信者について

　送信者は、基本的に"いま処理を実行しているユーザー"になります。例えば、Aさんが利用しているPower Appsや、Aさんが実行したPower Automateのフローから「上記アクションを利用してメール送信した場合の送信者はAさんになる」ということです。

　これを、別のユーザー（例えば、システム管理者アドレス）で送信したい場合、いわゆる"なりすまし"をする必要があります。その場合、"なりすまし"の対象ユーザーに対して代理送信権限などが必要になります。代理送信の設定は、Exchange管理センターを操作できるユーザー権限で実施する必要があります。代理送信設定を実施せずに、仕組みを組み合わせて対策する方法を後半で案内します。

▶ Power Appsからメール送信する

まず、Power Appsのアプリからメール送信する手順を説明します。

　①Power Apps Studioの画面で［データの追加］から［Office 365

Outlook］コネクタを追加します。初めて利用する際はサインインを求められる場合があります。

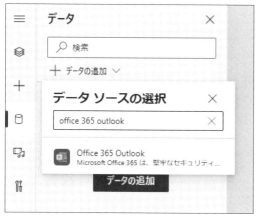

図3.137　［Office 365 Outlook］コネクタを追加

②ボタンコントロールのOnSelectプロパティなどにメール送信アクションを設定します。

● 構文
Office365Outlook.SendEmailV2(宛先, 件名, 本文, {送信者, Cc, Bcc, 添付ファイル, 返信される際のアドレス, 重要度})

アプリを実行しているユーザーでメール送信させたい場合は、以下を設定すれば問題ありません。

● アプリ実行者でメール送信させる構文
Office365Outlook.SendEmailV2(宛先, 件名, 本文)

と、ここまで紹介しておいて申し訳ないのですが、残業申請アプリも、承認アプリもPower Appsから直接メール送信は利用しません。理由は「システム専用のアカウントからメール送信したいから」です。よくある「○○○

システムからのおしらせ」みたいなメールのように、システムからのメールなんですよ、という風にするためです。そのために、この後で説明するPower Automateを利用します。

▶ Power Automateを利用してメール送信する

Power Appsから直接Power Automateを呼び出す方法があります。が……、それはもう少しPower Appsのアプリ作成を案内した後で紹介したいと思います。皆さんも、たくさんの情報を一気に渡されても混乱しちゃいますよね？　なので、付録（Web提供PDF）でカメラコントロールを解説する際に説明したいと思います。この章では、データソースを仲介してPower Automateでメール送信する方法を案内します。

作成しているアプリにおけるメール送信したいシーンをおさらいしましょう。

各アプリでメール送信したい場面
- A) 残業申請アプリ=残業申請があったことを承認者へメールで通知する
- B) 承認アプリ=申請が承認、または却下された結果を申請者へメールで通知する

▶ 場面A) 残業申請アプリから承認者へメール送信するフロー

まずは、残業申請アプリで申請が登録された際、承認者へメールを送信するPower Automateのフローを作成しましょう。フローはメールの送信者にしたいユーザーアカウントを利用して作成してください。

①Power Automateホームページを開き［作成］→［自動化したクラウドフロー］をクリックします。

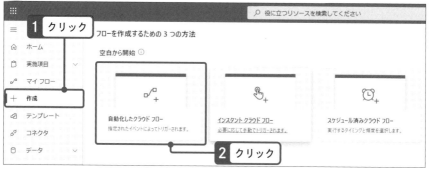

図3.138 ［自動化したクラウドフロー］をクリック

②表示された子画面の［フロー名］に"残業申請フロー"と入力し、検索欄で"項目が作成"と入力します。［項目が作成されたとき Share-Point］が表示されるので選択（チェック）して［作成］ボタンをクリックします。

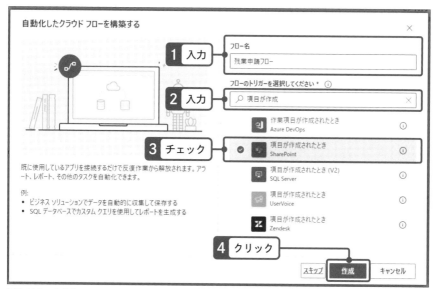

図3.139 自動化したクラウド フローを構築する

③フローの作成画面に遷移するので必要な項目を設定し［新しいステ
ップ］をクリックします。

図3.140　必要な項目を設定し［新しいステップ］をクリック

　ここでは、残業申請アプリでデータソースに指定しているサイトと、その
配下にあるリストを指定します。

表3.54　指定する項目

項目	設定値
サイトのアドレス	残業申請アプリのデータソースで利用しているSharePoint サイト
リスト名	残業申請

　Power Automateのフローで、最上段にある項目を"トリガー"と呼びま
す。今回指定しているトリガーは「残業申請アプリのデータソースに指定し
ているサイトの残業申請リストに新しい項目（アイテム）が追加されたら」
起動する、となります。
　新しいステップを追加したら、残業申請があったことをメールしたい相手、
つまり承認者のメールアドレスを取得します。

④検索欄で"SharePoint"と入力します。アクションが絞り込まれるので［複数の項目の取得 SharePoint］をクリックしてください。

図3.141 ［複数の項目の取得 SharePoint］をクリック

⑤［複数の項目の取得］アクションが追加されます。社員名簿リストを指定します。

表3.55　指定する項目

項目	設定値
サイトのアドレス	残業申請アプリのデータソースで利用しているSharePoint サイト
リスト名	社員名簿

※デフォルトでは100件までしか取得できません。それ以上のデータを扱う場合は［上から順に取得］の項目に最大5,000までの数値を指定してください。

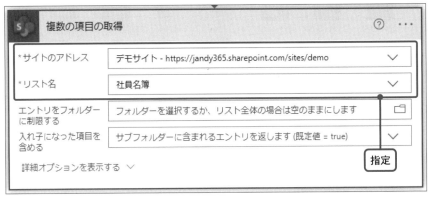

図3.142　社員名簿リストを指定

続いて、申請者の表示名を取得します。

⑥［新しいステップ］をクリック→検索欄で"Office"と入力して［Office 365 ユーザー］を選択します。

序章

第1章

第2章

第3章

第4章

第5章

Power Apps で業務効率化 〜申請承認編〜

図3.143 "Office" と入力して [Office 365 ユーザー] を選択

⑦ [ユーザー プロフィールの取得 (V2)] を選択します。

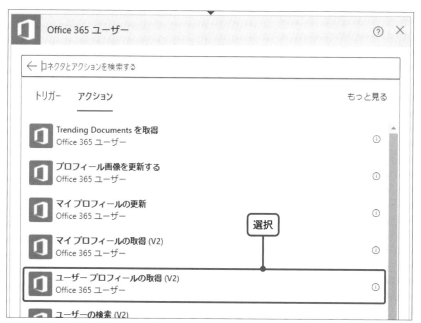

図3.144 [ユーザー プロフィールの取得 (V2)] を選択

⑧ [項目が作成されたとき] トリガー配下の [申請者メールアドレス] を、[動的なコンテンツ] から選択します。

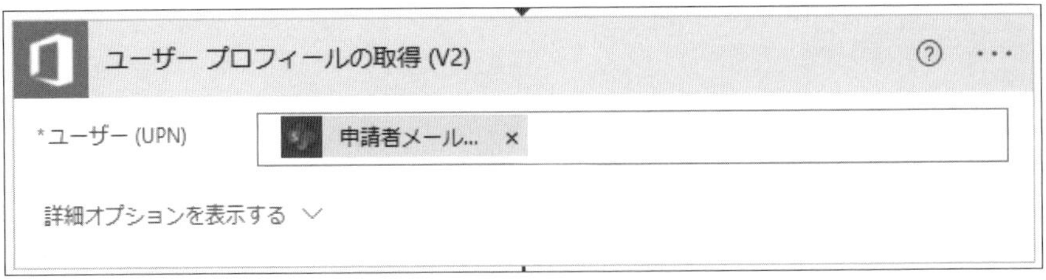

図3.145 ［申請者メールアドレス］を選択

残業申請のデータソースにはメールアドレスはありますが、申請者の氏名
はありません。そのため、Power Appsと同様に［Office 365 ユーザー］コ
ネクタを利用して氏名を取得しています。

⑨ ［新しいステップ］を追加し、検索欄に"タイム"と入力します。候
補のなかから［タイムゾーンの変換］を選択してください。

図3.146 ［タイムゾーンの変換］を選択

　Power Appsの日時データは、データソースがSharePoint Onlineなのでサイトのタイムゾーンに依存します。サイトで設定されているタイムゾーンで時間が自動で調整されているんです。ただ、Power Automateはデータソース側のタイムゾーンを考慮してくれません。つまり「Power Automateでは日時データが基本的にUTC+0になる」ということです。UTCとは"世界協定時刻"で、日本時間はUTC＋9時間です。

　この後で残業申請した際の時刻を日本時間で取り扱いたいので、時差の手当てを実施します。

　⑩追加された［タイムゾーンの変換］アクションを以下で設定します。書式指定文字列は［カスタム値の入力］で追加してください。

表3.56　［タイムゾーンの変換］アクション

項目	設定値
基準時間	［項目が作成されたとき］配下の［残業開始日時］
変換元のタイムゾーン	(UTC) 世界標準時 ※選択肢から選択
変換後のタイムゾーン	(UTC+09:00) 大阪、札幌、東京 ※選択肢から選択
書式指定文字列	yyyy/MM/dd HH:mm ※大文字小文字に注意

図3.147　［タイムゾーンの変換］アクションを設定

　このアクションで、UTCからUTC+9時間＝日本時間に変換しています。

⑪さらに［新しいステップ］をクリックします。［操作を選択してください］の［すべて］項目の中から［コントロール］をクリックします。

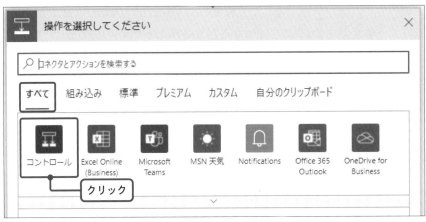

図3.148　［すべて］の中から［コントロール］をクリック

⑫［コントロール］に切り替わったら［Apply to each コントロール］をクリックします。

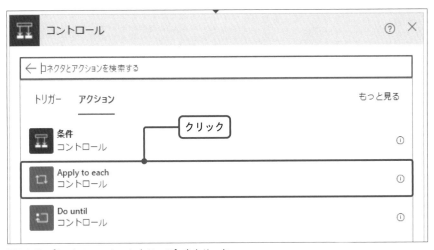

図3.149　［Apply to each コントロール］をクリック

⑬ ［Apply to each］に切り替わったら、［以前の手順から出力を選択］
の下にある入力欄をクリックします。右側、または下側に［動的な
コンテンツ］という領域が表示されるので［複数の項目の取得］の
配下にある［value アイテムの一覧］を選択します。

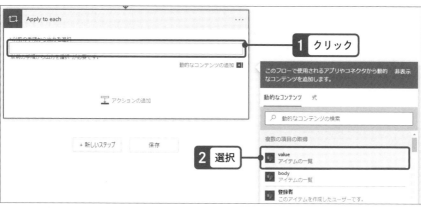

図3.150　［value アイテムの一覧］を選択

　Apply to eachは"繰り返し処理"です。選択した内容を最初から最後ま
で1つずつ処理することになります。上記の設定で「社員名簿から取得した
データを最初から最後まで1つずつ繰り返す」という処理になります。

⑭入力欄に［value］が設定されたら［アクションの追加］をクリックします。

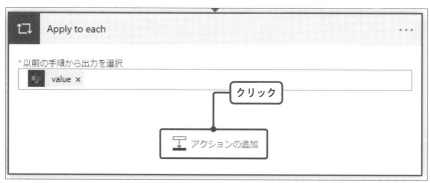

図3.151　［アクションの追加］をクリック

4　Power Automateとの連携（メール送信）　│　335

序章
第1章
第2章
第3章
第4章
第5章
PowerAppsで業務効率化〜申請承認編〜

⑮前回と同様に［コントロール］をクリックします。今回は［条件］
　をクリックしてください。

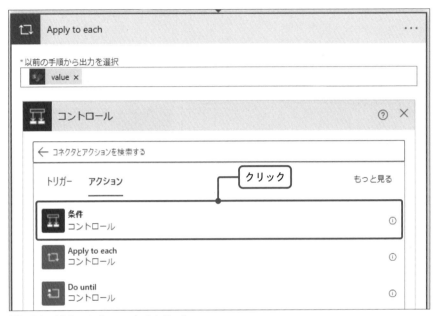

図3.152　［条件 コントロール］をクリック

⑯［条件］に切り替わるので左側の［値の選択］をクリックします。［動
　的なコンテンツ］の検索欄で"部署名"と入力します。部署名で検索さ
　れた結果で絞り込まれるので［複数の項目の取得］配下にある［部
　署名］をクリックしてください。

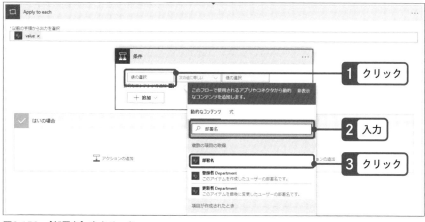

図3.153　［部署名］をクリック

⑰右側の［値の選択］をクリックして、同様の手順で"部署名"で検索してください。今回は［項目が作成されたとき］の配下にある［申請者部署名］をクリックします。

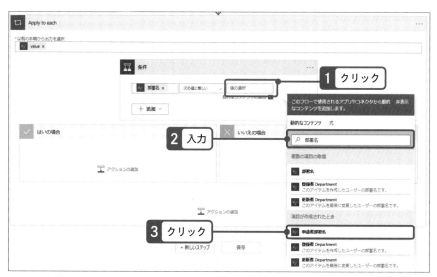

図3.154　［申請者部署名］をクリック

［条件］はPower AppsでいうところのIF関数になります。ここで設定し

序章
第1章
第2章
第3章
第4章
第5章

Ｐｏｗｅｒ Ａｐｐｓで業務効率化 ～申請承認編～

た内容は、「もし、社員名簿の部署名と、フローのトリガーとなった残業申請の新規データのうち申請者部署が等しかったら」という条件になります。

　このままでは、承認者ではないユーザーも条件に合致してしまいます。次の手順で「承認者であれば」という条件を追加していきましょう。

　⑱　[条件] にある [追加] をクリックし、表示された [行の追加] をさらにクリックします。

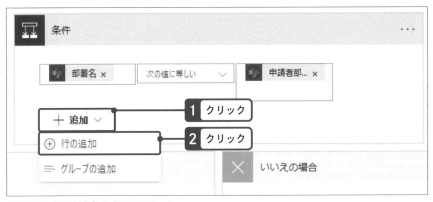

図3.155　[行の追加] をさらにクリック

　新しい条件の行が追加されました。

　⑲前回と同じ手順で、追加された条件の左側をクリックして、今回は"管理"で検索した結果から [複数の項目の取得] 配下の [管理者フラグ] を設定してください。

図3.156 ［管理者フラグ］を設定

⑳追加された条件の右側に"true"と直接入力します。

図3.157 "true"と入力

　これで、残業申請をしたユーザーと同じ部署で、かつ管理者（＝承認者）か？　という条件が完成しました。あとは条件に合致した承認者へメール送信するだけです！

　㉑［はいの場合］にある［アクションの追加］をクリックします。

図3.158 [はいの場合]にある[アクションの追加]をクリック

㉒検索欄で"Outlook"と入力します。アクションが絞り込まれるので
[メールの送信(V2)]をクリックしてください。

図3.159 [メールの送信(V2)]をクリック

㉓宛先の欄をクリックします。[動的なコンテンツ]をクリックし[もっと見る]をクリックしてください。

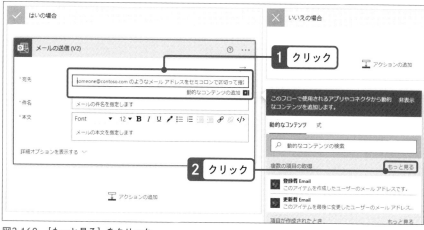

図3.160　[もっと見る]をクリック

㉔動的なコンテンツの選択肢が増えるので[複数の項目の取得]配下の[メールアドレス]を選択します。

図3.161　[メールアドレス]を選択

このように、アクションに指定したい動的なコンテンツが見当たらない場合は［もっと見る］の箇所をクリックしてください。または、検索をすることでも発見することができるでしょう。

㉕［件名］と［本文］を設定します。

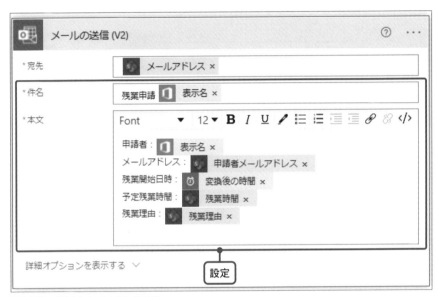

図3.162　［件名］と［本文］を設定

ここでは以下の設定で作成しています。任意の値でも問題ありません。

表3.57　［件名］と［本文］を設定

項目	固定文字列	アクション	動的なコンテンツ 設定値
件名	残業申請	ユーザープロフィールの取得(V2)	表示名
本文	申請者：	ユーザープロフィールの取得(V2)	表示名
	メールアドレス：	項目が作成されたとき	申請者メールアドレス
	残業開始日時：	タイム ゾーンの変換	変更後の時間
	予定残業時間：	項目が作成されたとき	残業時間
	残業理由：	項目が作成されたとき	残業理由

これでメールが承認者へ届きます！でも、その前に、もう1つ設定を実施しておきましょう。

㉖［詳細オプションを表示する］をクリックし、詳細表示になった末尾にある［重要度］を［Normal］に変更します。

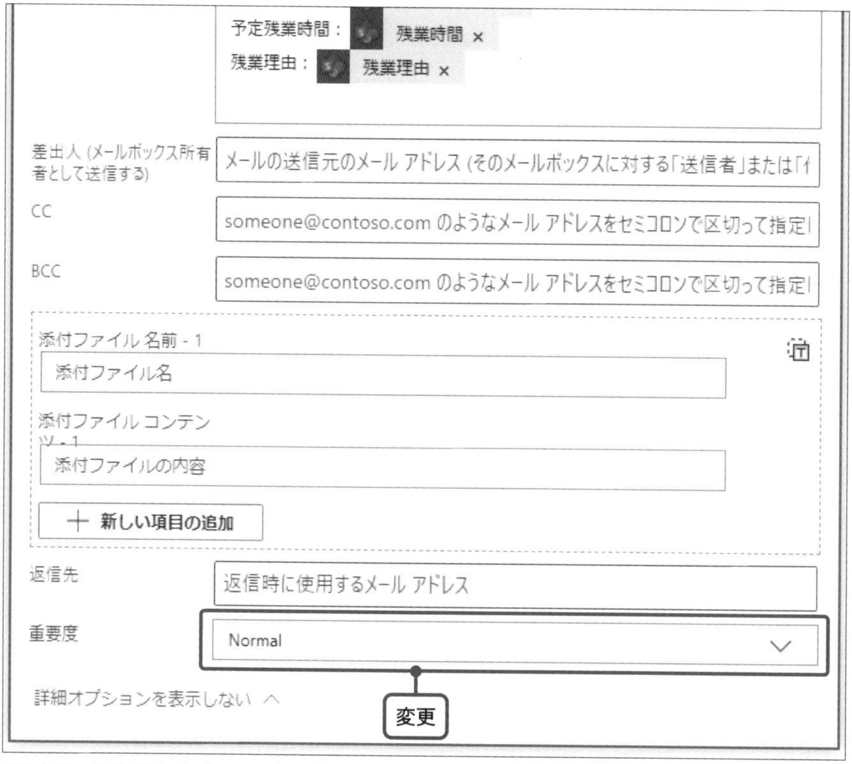

図3.163 ［重要度］を［Normal］に変更

メール送信時に指定できる重要度です。この設定はデフォルトでLow（重要度：低）になっています。残業申請の通知ですから、重要度が低いのはチョット嫌ですよね。

これまで作成してきたフローの全体像は図のイメージになります。

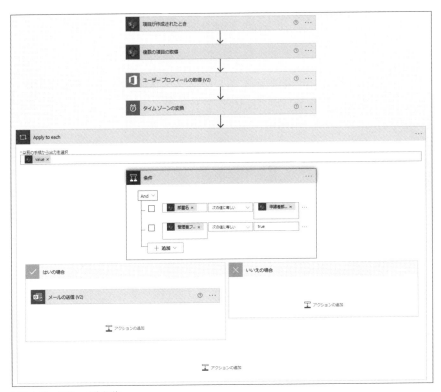

図3.164　フローの全体像

　これで残業申請アプリからデータ登録された際に、承認者へメール送信されるようになりました。ここまで作成したフローを保存して、Power Apps のアプリから残業申請を実施して動作を確認してみましょう。フローの保存時に警告が出る場合がありますが、無視して問題ありません。

▶ メールからPower Appsアプリを起動させたい場合

Power Appsの残業申請アプリから新規申請をした後で、承認者へメール送信は実現できましたか？　承認をする管理者の立場で考えると、申請された旨を通知してくるメールの本文から承認アプリが起動できたら便利ですよね。そんなこと……できるんです。

まず、Power Appsのアプリを直接起動する方法について種明かしをしておきましょう。Power Appsのアプリは、クラウド上で動作しているのでURLを持っています。そのURLへアクセスすることで、特定のアプリをそのまま起動することができます。Power AppsのホームページからアプリのURLを確認する方法を把握していきましょう。

① ［アプリ］の一覧画面で、URLを取得したいアプリの三点リーダー
（…）→［詳細］の順にクリックします。

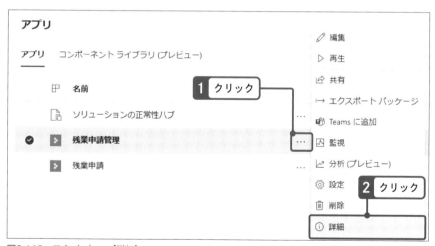

図3.165　三点（…）→［詳細］

②アプリの詳細情報が確認できます。［Webリンク］のURLが、アプリ
を起動するURLになります。

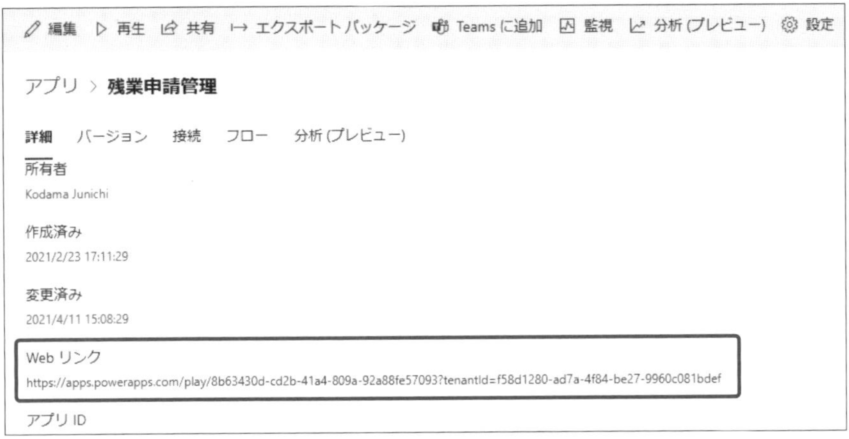

図3.166　Webリンク

　この手順で入手したURLを、例えば先ほど作成したPower Automateのメ
ール送信本文に追加しておけば、メールを受信したユーザーが直接Power
Appsのアプリを起動することができます。こういう "ひと手間" を入れて
おくことで利用者の利便性が向上するので、ぜひお試しください。

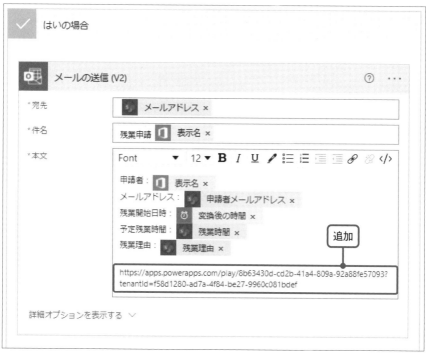

図3.167　URLをPower Automateのメール送信本文に追加

▶ **場面B) 承認アプリ=申請が承認、または却下された結果を申請者
ヘメールで通知するフロー**

　もう1つフローを作成して、承認結果を申請者へ通知するようにしましょ
う。残業申請アプリ用のフローと同様に、［自動化したクラウドフロー］か
ら作成していきます。

　①Power Automateホームページを開き［作成］→［自動化したクラ
　　ウドフロー］をクリックします。

序章
第1章
第2章
第3章
第4章
第5章

Power Appsで業務効率化 ～申請承認編～

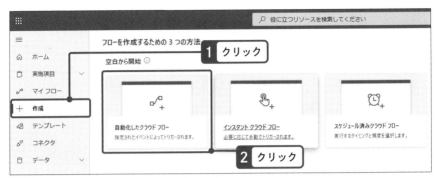

図3.168　[作成] → [自動化したクラウドフロー]

②表示された子画面で [フロー名] を入力し、検索欄で "修正" と入力
します。[アイテムまたはファイルが修正されたとき SharePoint]
が表示されるので選択（チェック）して [作成] ボタンをクリック
します。

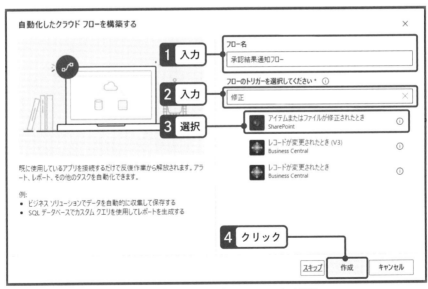

図3.169　[アイテムまたはファイルが修正されたとき SharePoint] を選択

このトリガーは、SharePoint Onlineのアイテムが更新された場合のみ発火する条件になります。新規作成や削除では発動しません。これにより、残業申請＝新規作成、承認・却下＝ステータスが更新される＝修正、という動きの区別が付けられます。

③ ［アイテムまたはファイルが修正されたとき］トリガーに、サイトのアドレスとリストを以下のように指定します。

表3.58　サイトのアドレスとリスト

項目	設定値
サイトのアドレス	残業申請、承認アプリで利用している デモサイト
リストやライブラリの名前	残業申請

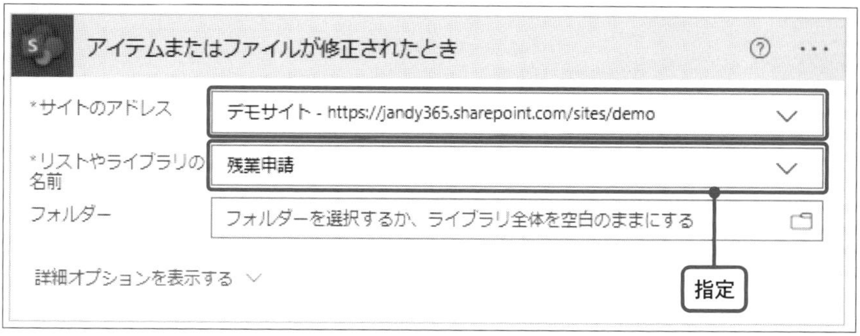

図3.170　サイトのアドレスとリストを指定

④ ［Office 365 ユーザー］の［ユーザー プロフィールの取得 (V2)］アクションを追加し、動的なコンテンツの追加から［アイテムまたはファイルが修正されたとき］配下の［承認者メールアドレス］を選択します。

図3.171　［承認者メールアドレス］を選択

　前回同様、データソースのカスタムリストにはメールアドレスしか保管していません。この後、申請者に「誰が承認・却下したか？」をメールします。そのメールに誰が承認したのかを分かりやすく伝えるために、この段階で承認者のプロフィール情報を取得しておきます。

　⑤［タイムゾーンの変換］アクションを以下のように設定します。

表3.59　タイムゾーンの変換

項目	設定値
基準時間	［項目が作成されたとき］配下の［残業開始日時］
変換元のタイムゾーン	(UTC) 世界標準時　※選択肢から選択
変換後のタイムゾーン	(UTC+09:00) 大阪、札幌、東京 ※選択肢から選択
書式指定文字列	yyyy/MM/dd HH:mm　※大文字小文字に注意

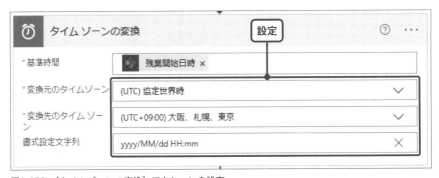

図3.172　［タイムゾーンの変換］アクションを設定

⑥［Office 365 Outlook］の［メールの送信 (V2)］アクションを追加
し、以下のように申請者に承認結果をメール送信するよう設定します。

表3.60　［メールの送信 (V2)］アクション

項目	固定文字列	アクション	動的なコンテンツ 設定値
宛先		アイテムまたはファイルが修正されたとき	申請者メールアドレス
件名	残業申請承認結果のおしらせ		
本文	申請した 残業開始日時：	タイム ゾーンの変換	変更後の時間
	結果：	アイテムまたはファイルが修正されたとき	承認状況Value
	承認者：	ユーザープロフィールの取得(V2)	表示名
	承認者コメント：	アイテムまたはファイルが修正されたとき	承認者コメント

図3.173　申請者に承認結果をメール送信するよう設定

序章
第1章
第2章
第3章
第4章
第5章

Power Appsで業務効率化〜申請承認編〜

以上で、承認結果の通知メールが申請者へ送信されるようになりました。残業申請のフローと比較すると、条件による分岐や繰り返しがないのでシンプルにできあがったと思います。今回もフローの全体像を付けておきます。

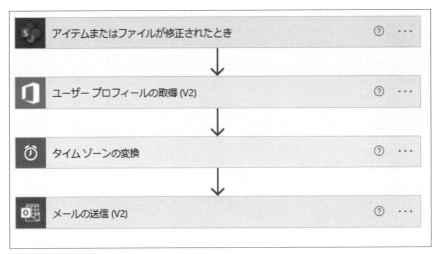

図3.174　フローの全体像

◆データソースを中継してPower Automateでメール送信する意図

　残業申請アプリの場合 A)では、Power AppsのアプリからデータソースであるSharePoint Onlineのカスタムリストへ申請情報が新規作成されます。承認アプリの場合 B)では申請情報（A)で作成されたデータ）に対して"承認"または"却下"が更新されます。つまり、必ずデータソースに対して"追加"または"更新"が発生します。作成したPower Automateのフローは、その新規追加や更新をトリガーにして開始されるようにしたワケです。イメージにすると以下のようになります。

図3.175　データソースを中継してPower Automateでメール送信する

わざわざメール送信をデータソースの追加・更新を仲介させてPower Automateで実行した最も大きな理由は「システム専用のアカウントからメール送信したいから」でした。これまでに紹介したPower Automateで作成したフローではメールの送信者を設定していません。でも、ちゃんとフローを作成したユーザーからメール送信されます。

さらに、そのような仕組みにした結果Power Automateのフローは作成したユーザー以外に共有する必要なく、一連の動作を提供可能になります。処理のイメージに共有の範囲を加えてみましょう。

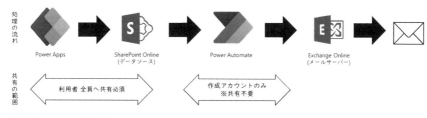

図3.176　共有の範囲を加えた

繰り返しになりますが、上記のように作成したPower Automateの場合、メール送信をする箇所は他人へ共有する必要がありません。このように、データソースの追加や更新などをトリガーにしてPower Automateのフローへ処理を受け渡すように設計することで、Power AppsアプリとデータソースであるSharePoint Onlineの権限設定のみに注意すればよい状態がつくれます。

Power Appsのみでメール送信をする機能を作成するコトは可能です。あえて、アプリとフローで役割を分担することで共有する範囲を調整できる等のメリットが得られることが多い、という点が伝わったでしょうか。業務改善などで多数のユーザーが利用するアプリや仕組みを作成する際は、このような「設計イメージ」を持っているとよいと思います。

5 作成したアプリの共有

残業申請アプリと同様に、作成したアプリは共有しないと他の利用者が使えません。今回の承認アプリは役職者だけが利用できれば問題ありません。"特定のユーザーに限定して共有"するには、どんな方法がよいのでしょう。

役職者だけにアプリを共有したい

承認者である上司の協力もあり、残業申請アプリと承認アプリがひと通り期待した動作をすることを確認できました。最近では、情シスのメンバーも巻き込んで、情報システム部内だけであればアプリを活用したペーパーレスまで実現できています。

「ねぇ、Jさん。そろそろ、このアプリをもう少し広い範囲で使ってもいいんじゃないかな」

社内会議から戻ってきた上司から、そんな言葉を投げかけられました。どうやら、アプリを会議で自慢したらしいのです。それに人事部や総務部の役職者が強い興味をもったようです。

「残業申請アプリの検証も手伝ってもらいましたしねぇ」

承認アプリは利用するのが役職者ということもあり、残業申請アプリよりも慎重になっていたJですが「そろそろかな」と覚悟を決めたようです。

さて、情報システム部よりも広い範囲に利用を広げようと思うと、対象の利用者に対して設定を実施していく必要があります。

「社員マスターはMicrosoft 365へユーザー登録した情報があるから、ソレから作ろう。Excelからデータ登録をPower Automateで自動化しちゃえ」

「残業申請アプリ側は全社員が利用できてもいいけど、承認アプリは役職者だけなんだよなー。人事異動で変更になるたびにアプリ共有のメンテするのも少し手間だな……運用面が少しでも楽になる方法はないだろうか?」

アプリを展開する、しかも役割に応じて判断が必要であると思った以上に"考えるコト"が多いことに気づいたJは、キチンと運用も含めて検討すべきと判断しました。上司にその旨を伝え、じっくりと展開手順を考え始めることにしました。

セキュリティグループを利用してアプリを共有する

Power Appsで作成したキャンバスアプリは、個人ユーザーだけではなくAzure Active Directory（Azure AD）のセキュリティグループにも共有することができます。「メールが有効なセキュリティ」と「セキュリティ」のどちらでもかまいません。

①アプリを共有する際に、セキュリティグループの表示名やメールアドレスを画面左上の検索窓に入力します。

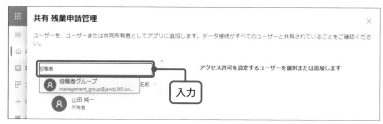

図3.177　検索窓に入力

②［共同所有者］にチェックを入れると、セキュリティグループに登録されているすべてのユーザーにアプリの編集権限が付与されます。

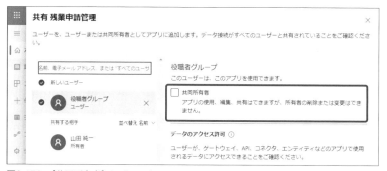

図3.178　［共同所有者］にチェック

③画面右下の［共有］をクリックします。

序章
第1章
第2章
第3章
第4章
第5章
PowerAppsで業務効率化〜申請承認編〜

アプリをセキュリティグループに共有しておくと、新たなユーザーをセキュリティグループに追加するだけでアプリも自動的に共有されます。逆にセキュリティグループから削除されたユーザーはアプリにアクセスできなくなります。

役職者が含まれているセキュリティグループがAzure ADに登録されている場合や、今後も役職者向けのアプリを作成する想定がある場合は、役職者が含まれているセキュリティグループをアプリの共有先に指定するとよいでしょう。

アプリをMicrosoft 365グループと共有する

アプリはMicrosoft 365グループと共有することもできます。Microsoft 365グループが組織構成に従って用意されているような企業においては、アプリもMicrosoft 365グループ単位で共有できると嬉しいですよね。

Microsoft 365グループと共有する場合は、あらかじめ対象のMicrosoft 365グループに対してPowerShellで設定を変更しておく必要があります。

PowerShellを用いた設定方法は、以下の公式ドキュメントをご参照ください。

- アプリを Microsoft 365 グループと共有する
  https://docs.microsoft.com/ja-jp/powerapps/maker/
  canvas-apps/share-app#share-an-app-with-microsoft-
  365-groups

この後さらなるアプリのフィードバックが発生します。新しい機能を追加しますので、そちらは読者特典の付録のPDF（Webダウンロード提供）でご確認ください。

6 業務アプリでよく使う関数

　これまでの説明を読んでくださった方は、第1章でご紹介した9種類、第2章でご紹介した20種類に加えて、さらに8種類の関数を学んだことになります。

表3.61　ここまでに学んだ関数

業務アプリで必要な動作＝アプリに命令したいコト	対応する関数
条件に合ったレコードを取得する	LookUp関数
テーブルの一番先頭のレコードを抽出する	First関数
コンテキスト変数に値を格納する	UpdateContext関数
グローバル変数に値を格納する	Set関数
合計値を計算する	Sum関数
メールを送信する	SendEmailV2関数 （Office365 Outlookコネクタ を利用）
テーブルのレコード数分だけ処理する	ForAll関数
データソースのレコードを作成/更新する	Patch関数

※ForAll関数とPatch関数は付録PDFで解説しています

　本書ではAppendixを除いて今後新しい関数は登場しません。よって、これまで紹介した関数は合計で37種類となりました。たった37種類の関数を用いることで、ここまでの業務アプリを作ることができます。

　もちろん、これらをすべて記憶する必要はありません。「あぁそういえばあんな処理をできる関数があったはずだな」とだけ覚えていただき、使用する時に検索ができれば大丈夫だと思います。

第 4 章

Power Appsで業務効率化
〜運用編〜

　アプリが完成したら、次は本番運用です。でも、いきなり社員全員が一斉に利用するのって、ちょっと不安じゃないですか？　そんな不安を少し解消する手段があるかもしれません。主人公はいったいどういう作戦で対応するのか確認してみましょう。

1 展開方法を考える

システムやアプリを広く利用者へ提供するコトを「展開」といいます。

全社展開！？

「Jさん、そろそろ全社展開の用意をしておいてくれないかな」突然、上司から声をかけられました。「え？　唐突ですね。いつ頃になるんですか？」

「それを、これから全社会議で決めてくる！」いつになく自信満々の上司は颯爽と会議へ向かっていきました

「そういうのは早めに言ってほしいんだけどなぁ。」Jは心の中でぼやきつつ、全社展開へ向けての準備を始めました。準備といっても、総務や人事部に展開した際の経験から設定内容は把握できています。すでに部署をまたいだトライアルも実施しているため、それを全社展開すればよいだろう、ぐらいの考えだったのですが……。

「アプリに不具合があって、申請できなかったらどうするんだ！」突然全社会議に呼び出されたJは、部屋へ入った瞬間に質問が飛んできたコトにビックリしました。

「残業申請用紙無くしても一緒でしょ？　むしろ紙媒体の方が紛失しやすいと思うんだけど……」なんて言えるワケもありません。全社会議の場で、相手は他部署の役職者です。

「では、全社利用の"トライアル"ということで、今やっている紙の運用にプラスで段階的にアプリを利用いただく案はどうですか？」

「それなら、紙で残るから大丈夫だろう」

「いや、紙を無くしたら意味ないし、誰が集計するの？」と改めて思いながらも、グッと言葉を飲み込みます。

「ありがとうございます。他に質問がなければ、計画詳細を検討したうえで、別途案内します」

無事に？かどうかはさておき、全社で残業申請アプリと承認アプリを本格的に利用する前に「全社検証」のようなフェーズが発生することになりました。

主な展開方法

新しい仕組みであるシステムやアプリの運用を開始する際は、大きく2つのパターンがあります。

- 今までの業務には無かった"新しい運用"として追加する
- 既存業務のすべて、または一部をシステムやアプリに置き換える

新しいシステムやアプリに置き換えるパターンもありますが、それは大きな視点では後者の「置き換える」に該当します。どちらのパターンであっても、全社へ公開する場合は影響範囲が大きくなります。そのため、運用開始にむけた作戦を立てておくとよいでしょう。

全社員へ広く展開する場合は「全社"展開"」となります。全社展開は部署ごとなどで部分的に導入し、段階的に広めていったり、全社で"せーのっ！"で使い始めたり、皆さんも展開方法をいくつか思いつくでしょう。展開方法は大きく以下のような選択肢があります。

表4.1 主な展開方法

展開方法名	備考	メリット	デメリット
一括展開	対象者が一括で運用開始する	1点切替になるので、切替タイミングが明確に絞れる	不具合などが発生した場合、影響範囲が大きい
段階的展開	部署ごとなどの単位で段階的に運用開始する	不具合などが発生した場合の影響範囲を極小化しつつ展開が可能	展開終了までの時間がかかる
平行運用	既存のやり方を実施しながら、アプリも平行して運用する	不具合などが発生した場合でも、既存のやり方で運用しているため、業務が止まらない	利用者が2つのやり方を実施するので、利用者の負担が増える

どの手段がベストか？は状況によって異なります。

アプリの作成者とその周辺であればフィードバックを受けながら改善を繰り返すことも比較的容易に実施できます。利用範囲が狭ければ、さほど細かなコトを考えずにアプリを展開して利用してもらえます。しかし、複数部署

をまたがる全社規模の展開は影響範囲が異なります。重要なコトなので繰り返しますが、展開する対象範囲が広い場合は「展開する手順」をキチンと検討して計画として立案しておくと、リスクを減らすことが可能になる、と我々著者は考えています。

　なお、Power Appsのアプリは、これまで皆さんと見てきたように非常に高速で柔軟な修正や改善が可能です。何らかの問題や、追加の要望があったとしても従来のシステム開発と比較して圧倒的なスピード感で対応が可能なコトが多いです。そのような、Power Appsのメリット・強みも加味して業務アプリの展開方法を検討してみてください。

2 申請後に修正できてしまう問題に対処する

　作成者が「完璧だ！」と思っていても、アプリには何らかの不具合がある可能性もあります。きちんとテストやトライアルをしたはずなのに……と思うでしょうが、思わぬ考慮不足などがあるものです。主人公はそんな状況に冷静に対処できるでしょうか。

思わぬ不具合？

　ひと通り全部署にアプリを設定し展開し終わったJは、ほっとしながらPCの前でお茶を飲んでいました。
　「Jさん、ちょっと！　営業部のX課長からクレームきちゃったよ」
　上司から大声が飛んできました。X課長と言えば"いろいろと小うるさい"役職者で、会議で不具合が！と言ってきた張本人です。
　「どうしました？」
　「残業申請を承認した後に、部下が勝手に申請時間を変更できるって言われたんだけど……」
　「そんな、まさか。ちょっと確認してみますね」
　あれ？　そんな不具合みたいな動きは無かった気がするけども、と思い

ながらアプリをチェックするJは「あっ」と声が出てしまいました。考慮不足の箇所を見つけたのです。エラーにはならないけど、運用に支障が出てしまう内容なので、対策が必要です。

「なるほど。申請して承認者がチェックしているのに、申請者がコッソリ時間を変更できちゃいますね。これはよくないですね……。」

「"差し戻し"みたいな機能を提供すべきかなぁ？」上司からアイディアが出てきました。少し、考えたJが答えます。

「"却下"してもらって新しく申請してもらうほうがシンプルじゃないですか？ "差し戻し"すると"どうして却下したのか？"っていう履歴も取りづらくなりませんか」

「それもそうだね。却下して、もう1回申請させよう。アプリになって手書きじゃないんだし！」対策を上司と相談して、その場で修正を加えていきます。

「こんなスピードで対応できるなんて、Power Appsってやっぱりすごいね」

「対応完了です。公開しちゃっていいですか？」

「OKなんじゃないかな。あとで全体周知の案内出しておくよ！」

不具合だ何だかんだとクレームが入りそうな状況でも、上司はなぜか楽しげです。

「新しいシステムとか導入した直後は、こんな感じで想定外のコトが発生したりでバタバタするからね。過去にやったアレは酷かったんだけど……」

「あ、すいません。また問い合わせきてるみたいなので！ 支援ありがとうございました！」上司の昔話は長くなりそうなので、Jは次の問い合わせを理由にこの場を去ることにしました。

一度申請した内容は修正できないようにする

やることは非常に簡単です。残業申請アプリの詳細表示画面の右上にある修正アイコンがあると修正できてしまうので、このアイコンを非表示するだけです。

図4.1　修正アイコンを非表示にする

　もちろんアイコンを削除してもよいでしょう。ただし、Power Appsの自動生成で作成したアプリはアイコン等の位置が相対的に決められているため、画面レイアウトが崩れてしまう可能性がある、でしたよね？

　従来のプログラミング言語と比較して、このようにPower Appsのアプリは高速かつ簡単に修正も対応可能です。

3　委任に関する警告に対処する

　Power Appsで表示される三角の警告マークを放置しておくと、アプリの動作に影響を及ぼすものがあります。警告のなかで"委任"と表示された場合は要注意です。

また不具合？

　「申請したのに、上司に"そんな申請は無い"って言われたんだけど！」
　「え？　ごめんなさい。どういうことですか？」
　すごい剣幕で詰め寄られたJですが、相手の言っている意味が理解できません。相手が落ち着くのを待って、詳細をヒアリングしていきます。
　「おっしゃっているのは、残業申請アプリでは申請済みということですね？」調べてみると、データは登録されており、申請の通知メールも上司

序章

第1章

第2章

第3章

第4章

第5章

Power Apps で業務効率化 〜運用編〜

へ送信されていました。「う〜ん、データは正しく登録されているので申請自体には問題ありませんね。上司の方もこちらで把握できるので、調査にお時間いただけますか？」

改めて上司が確認する承認アプリをチェックすると、確かに申告されたように新しい残業申請が表示されていません。「いったいどういうこと！？」

昨日までは意図した動作をしていたアプリが突然動かなくなった？　まさか？と、思いつく限りの箇所を調べていきます。ふと、アプリの画面をチェックしていた手が止まります。

「今まで"警告"だから気にしなかったけど、もしかして……」画面の黄色いアイコンに注目したJは、画面上のメッセージをキーワードにして検索を開始しました。

委任とは

データソースに対してFilter関数などのフィルタ処理を記載していると、警告マークが表示されることがあります。

図4.2　警告マーク

この時［数式バーで編集］をクリックして警告が発生している箇所を確認すると「委任に関する警告」というメッセージが表示されます。

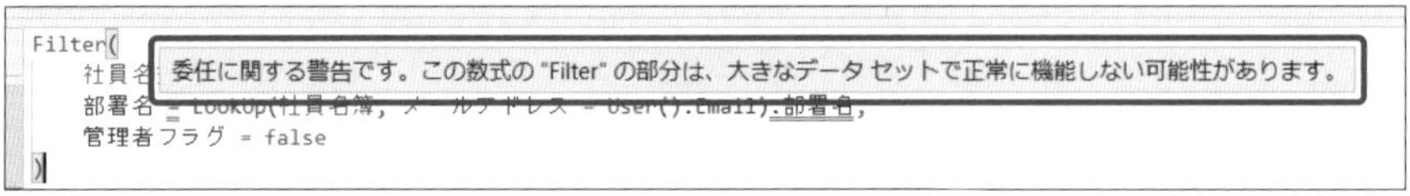

```
Filter(
    社員名  委任に関する警告です。この数式の "Filter" の部分は、大きなデータ セットで正常に機能しない可能性があります。
    部署名 = Lookup(社員名簿, メールアドレス = User().Email).部署名,
    管理者フラグ = false
)
```

図4.3　委任に関する警告メッセージ

> 委任に関する警告です。この数式の "Filter" の部分は、大きなデータ
> セットで正常に機能しない可能性があります。

　Power Appsでいう委任とは、簡単に言うとデータベースの処理をデータ
ベース側に "お願い" することです。例えば、SharePoint Onlineカスタム
リストから2017年分のデータを抽出する場合、以下の2通りの方法が考えら
れます。

- A. SharePoint Online側で2017年分のデータを検索し、抽出したデータをPower Appsが受け取る
- B. SharePoint Onlineからすべてのデータを受け取り、Power Apps側で検索し抽出する

　Power Apps的にはAの方が受け取るデータ量が少ないですよね。Power
Appsでは、このようにデータベース側に処理を "委任" することができま
す。しかし、この処理内容が高度になるとデータベース側では処理が行えず、
データベース側にお願いできない、つまり委任できないケースが発生します。

委任できる

Power Apps　　　　　　　　　　SharePoint

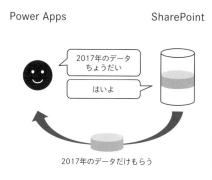

2017年のデータ
ちょうだい

はいよ

2017年のデータだけもらう

委任できない

Power Apps　　　　　　　　　　SharePoint

2015年と2017年
のデータが欲しく
て、2017年の場
合はステータスが
完了のもののみ
で、あ、でも登録
者がAさんの場合
はステータスが未
完了でも…

はぁ？分かんねぇ
から自分で探せ！

全データ※もらって
Power Apps側で探す

※標準だと先頭500件（最大で先頭2000件）までしかもらえない

図4.4　委任できる／委任できない

　委任に関する警告は、この「委任できないケース」が発生した時に表示さ
れます。委任できない場合、前述Bの処理が必要になります。一旦Power
Apps側で全データを受け取りPower Apps側で処理を行うため、通信データ
量も処理も負荷がかかります。

　また、委任できない場合は標準でデータソースから先頭500件までしかデー
タを取得できません。Filter関数などで抽出した結果から500件ではなく、
あくまでデータソース全件の先頭500件です。よって、Filter関数などで抽出
したいデータやSum関数などで計算したいデータが501件目以降にある場合
は抽出や計算ができません。

委任できない

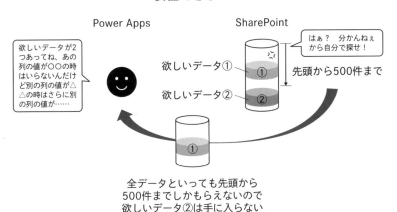

図4.5 委任できないケース

　委任できない処理を行う場合は、上記のデータ量を超えない小規模なツールとしての利用に限定されるというデメリットがあります。

　なお、この500件という件数は、設定で最大で2000件まで増やすことができます。

図4.6 データ行の制限

▶委任できる処理、委任できない処理の例

　委任できるか否かは、使用するデータソースや関数によって異なります。ここではSharePoint Onlineカスタムリストについて見てみましょう。

　まずは、SharePoint Onlineカスタムリストを引数とする場合の例を示し

ます。

表4.2　対応する関数と委任可否の一例

業務アプリで必要な動作＝ アプリに命令したいコト	対応する関数	SharePointリスト における委任可否
指定した条件でデータを絞り込む	Filter関数	○
指定した条件に合ったレコードを取得する	LookUp関数	○
1つの列に対してデータを並び替える	Sort関数	○
複数の列に対してデータを並び替える	SortByColumns関数	○
指定した列に特定の文字列を含むデータを検索する	Search関数	×
データの平均値を計算する	Average関数	×
データの最大値を抽出する	Max関数	×
データの最小値を抽出する	Min関数	×
データの合計を計算する	Sum関数	×
データの中から指定した条件に合ったレコード数を数える	CountIf関数	×
データのレコード数を数える	CountRows関数	×
データの先頭のレコードを抽出する	First関数	×
データの最後のレコードを抽出する	Last関数	×

図4.7　委任ができない例（CountRows関数）

また、Filter関数とLookUp関数内の条件式で使用できる関数や処理、つまりFilter(カスタムリスト名, ○○～)やLookUp(カスタムリスト名, ○○～)の○○に記載できる関数や処理には制限があります。

いくつかの例を示します。

表4.3　条件式で使用できる関数と委任可否の一例

業務アプリで必要な動作＝ アプリに命令したいコト	対応する関数	SharePointリスト における委任可否
現在アプリを利用している人の情報を条件に利用する	User関数	○
指定した条件によって抽出条件を分岐させる	If関数	×
指定した条件によって抽出条件を分岐させる	Switch関数	×
左辺と右辺が一致しているかを判定する	=	○
左辺と右辺が不一致かを判定する	<>	×
左辺と右辺の大小を判定する	>, >=, <, <=	△※
別のテーブルの値を抽出して比較する	LookUp関数	×
今日の日付と比較する	Today関数	○
現在時刻と比較する	Now関数	○
明日などの日付と比較する	DateAdd関数	○
今日の特定時刻と比較する	Today関数 + Time関数	×
複数の条件の論理積を判定する	And関数	○
複数の条件の論理和を判定する	Or関数	○
条件の否定を判定する	Not関数	×

※数値列や日付列は委任可能だが、ID列は委任不可。

図4.8　委任ができない例（Today関数＋Time関数）

　上記のように委任できる処理かどうかは関数の組み合わせによっても変わります。また、委任できる処理はアップデートによって増えており、本書執筆時点では委任できなかった処理がいつの間にか委任できるようになるケースもあります。

　本書ですべての委任可否パターンを網羅することは困難です。まずは実現されたい処理を記述いただき、委任に関する警告が表示された際にどのように対処するかを検討されることをお勧めします。

もちろん、業務内容的にデータ件数が500件、あるいは最大でも2000件に達しないと想定されるアプリや、Power Automate等を活用して定期的にデータを削除してよいアプリなど、委任に関する警告は必ずしも回避しなければならないというわけでもありません。

委任できない処理を用いることで実現できる機能もありますので、業務内容に応じて柔軟に対応するのがよいと思います。

申請一覧部の委任に関する警告

まずは、申請一覧部のギャラリーコントロールの委任に関する警告に対処すべきかどうかを考えてみましょう。

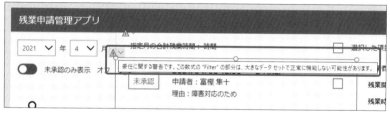

図4.9　委任に関する警告

ここで表示しているデータは残業申請リストで、1申請につき1レコードです。仮に残業を申請可能な一般社員が300人いて、そのうち毎日30%の社員が残業を申請したと仮定すると、1ヶ月で追加されるレコード数は以下の通りです。

300人 × 30% × 20日 ＝ 1800件/月

毎月データを退避して削除する方法もありそうですが、繁忙期などで申請件数が増えると2000件を超える可能性が高く、対策が必要でしょう。

そこで、この委任に関する警告を回避してみようと思います。申請一覧部のギャラリーコントロールのItemsプロパティを見てみましょう。Filter関数内にLookUp関数があるために委任に関する警告が表示されています。

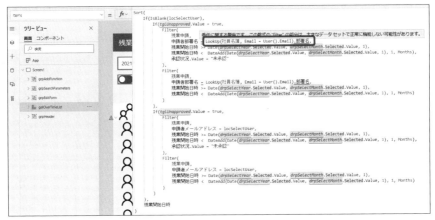

図4.10　ギャラリーコントロールのItemsプロパティ

　申請一覧部のギャラリーコントロール内のLookUp関数では、現在アプリ
を利用しているユーザーの部署名を抽出しています。

```
LookUp(社員名簿, Email = User().Email).部署名
```

　この部署名はアプリを開いている間は変わらないと想定されます。そこで
Filter関数内でLookUp関数を使用するのではなく、LookUp関数を使用して
得た部署名をあらかじめ変数に格納しておき、その変数をFilter関数内で使
用することを検討します。こうすることで、LookUp関数の検索処理を
SharePoint Onlineカスタムリストにお願いする必要がなくなります。

　①ツリービューでスクリーン（Screen1）を選択し、OnVisibleプロパ
　　ティを以下のように設定します。

表4.4　スクリーンのOnVisibleプロパティ

プロパティ	設定値
OnVisible	UpdateContext({locUserDepartment: LookUp(社員名簿, Email = User().Email).部署名})

図4.11　Screen1を選択してOnVisibleプロパティを設定

　ギャラリーコントロールのFilter関数内で使用されていたLookUp関数の処理を変数locUserDepartmentに格納しているだけです。

TIPS

OnVisibleプロパティが動くタイミング

　OnVisibleプロパティの設定はその名の通りスクリーンが表示される際にしか実行されません。今回は変数をすぐに設定したいので、空の新しい画面を追加してまた元のスクリーンに戻ります。これでOnVisibleプロパティが処理され変数に値が設定されます。

　[ビュー] - [変数]をクリックすると、設定した変数に何の値が格納されているかを確認することができます。

　なお、次回以降はアプリを開いた際にOnVisibleプロパティが処理されますので、追加したスクリーンは削除してください。

②申請一覧部のギャラリーコントロールのItemsプロパティ内に2箇所あるLookUp(社員名簿, Email = User().Email).部署名を先ほど設定した変数locUserDepartmentに書き換えます。

図4.12　申請一覧部のギャラリーコントロールのItemsプロパティ内を書き換える

　委任に関する警告が消えたことを確認します。委任に関する警告の中には、このようにSharePoint Onlineカスタムリスト側にお願いする処理を少し簡単にすることで回避できるものもあります。

図4.13　警告が消えたことを確認

複雑な関数でも委任ができるパターン

　先ほどのItemsプロパティの数式は複数のIf関数で条件分岐されており複雑に見えますよね。

　SharePoint Onlineカスタムリストへの要求処理は、Itemsプロパティ単位ではなくカスタムリストを引数とする関数の単位で行われます。Itemsプロパティでは、If関数で条件分岐した後でFilter関数を使用していますので、図の左側のようにどのFilter処理をお願いするかはPower Apps側で考えているのです。

　一方、Filter関数の中にIf関数やSwitch関数などの条件分岐処理を書いてしまうと、図の右側のように条件分岐処理もSharePoint Onlineカスタムリストにお願いをすることになります。少なくとも、SharePoint Onlineカスタムリストでは委任できないんですね。

Filter関数の外で条件分岐

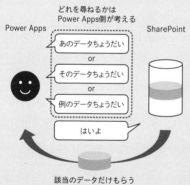

どれを尋ねるかは
Power Apps側が考える

Power Apps　　　　　SharePoint

あのデータちょうだい
or
そのデータちょうだい
or
例のデータちょうだい

はいよ

該当のデータだけもらう

Filter関数の中で条件分岐

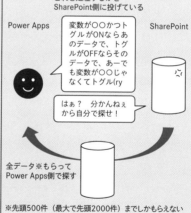

どれを処理するかを
SharePoint側に投げている

Power Apps　　　　　SharePoint

変数が〇〇かつトグルがONならあのデータで、トグルがOFFならそのデータで、あーでも変数が〇〇じゃなくてトグル(ry

はぁ？　分かんねぇから自分で探せ！

全データ※もらって
Power Apps側で探す

※先頭500件（最大で先頭2000件）までしかもらえない

検索条件指定部の委任に関する警告

つづけて検索条件指定部の委任に関する警告について考えてみます。

図4.14　委任に関する警告

　まずは委任に関する警告に対処すべきかどうかを考えてみます。ここで表示しているデータは社員名簿リストで、1社員につき1レコードです。少なくともJの会社では社員数が500名前後のため、2000件を超えるデータにはなりません。委任の警告を無視しても良い、と判断できます。

　では、社員数が2000名を超える企業でも利用可能なように、この委任に関する警告も回避してみようと思います。

　検索条件指定部のギャラリーコントロールのItemsプロパティを確認します。こちらもFilter関数内にLookUp関数があるため委任に関する警告が表示されています。ただ、このLookUp関数の中身は先ほどの申請一覧部のものと同じです。先ほど設定した変数がそのまま利用できますね。

図4.15　中身は先ほどの申請一覧部のものと同じ

ということで、Filter関数内の**LookUp(社員名簿, Email = User().Email).部署名**を先ほど設定した変数**locUserDepartment**に書き換えます。

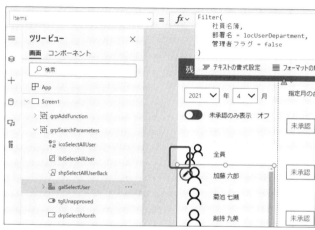

図4.16　ギャラリーコントロールの委任に関する警告が消えた

　検索条件指定部のギャラリーコントロールの委任に関する警告が消えたことを確認します。

追加機能部の委任に関する警告

　最後に追加機能部のラベルコントロールの委任に関する警告に対処すべきかどうかを考えてみましょう。

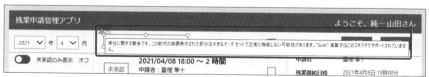

図4.17　ラベルコントロールの委任に関する警告

　追加機能部の該当するラベルコントロールのTextプロパティを見てみます。SharePoint Onlineカスタムリストに対してSum関数を使用しているために、委任に関する警告が表示されています。

図4.18　委任に関する警告

　ここで表示しているデータは、残業申請リストから指定社員の指定月の残業時間を合計した値です。残業申請リストは、前述の通りひと月で2000件を超える可能性があるため、何かしらの策を講じる必要があるのでは？と思いますよね。

　実は、今回のケースにおいては、筆者は対策不要と考えます。Textプロパティで残業時間の合計を算出している部分を読み解いてみましょう。

```
Sum(
    Filter(              (1) 残業申請リストから「指定月の指定社員の
                             承認された申請のみ」を抽出（委任可能）
        残業申請,
        申請者メールアドレス = locSelectUser,
        残業開始日時 >= Date(drpSelectYear.Selected.
Value, drpSelectMonth.Selected.Value, 1),
        残業開始日時 <  DateAdd(Date(drpSelectYear.
Selected.Value, drpSelectMonth.Selected.Value, 1),
1, Months),
        承認状況.Value = "承認"
    ),
    残業時間
)        (2) (1) で抽出したテーブルの残業時間列の合計を計算（委任不可）
```

　この数式は、

(1) 残業申請リストから「指定月の、指定社員の、承認された申請」の
みを抽出
(2) (1) のテーブルの残業時間列の合計を計算

という入れ子の構造になっています。ここで重要なのは、委任できないの
は (2) の合計を計算する処理だけで、(1) は委任できるという点です。

Sum関数だけ委任できない

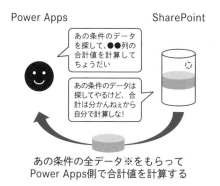

Power Apps　　　　　　　　SharePoint

あの条件のデータ
を探して、●●列の
合計値を計算して
ちょうだい

あの条件のデータは
探してやるけど、合
計は分かんねぇから
自分で計算しな!

あの条件の全データ※をもらって
Power Apps側で合計値を計算する

※標準だと"あの条件の全データ"の先頭500件（最大で先頭2000件）
　までしかもらえない

図4.19　合計を計算する処理のみ委任できない

(1) の抽出まではSharePoint Online側で処理してくれますが、(2) が委
任できないために (1) で抽出したデータをすべて受信しPower Apps側で
合計を計算する必要があります。また委任できないために (1) で抽出した
データの先頭500件（最大でも2000件）までしか受信できないため、それを
超えるデータの合計を算出することはできません。

今回のケースでは、「指定月の、指定社員の、承認された申請」は月の稼
働日を20日として考えると最大でも20件程度です。つまり (1) で抽出した
結果が500件に達することは考えられないため、(2) が委任できなくても運
用上問題はないと判断できます。

委任に関する警告はエラーではなくあくまでも警告に過ぎず、必ずしも回
避しなければならないというわけではありません。

もちろん、すべての処理をデータソース側に委任できた方が、Power Appsの処理量やデータ通信量を削減することができます。ただし、すべての委任に関する警告を回避できるわけでもないため、あまり委任に関する警告に神経質になりすぎず、実際に対処が必要かどうかは業務の内容やデータ件数などから総合的に判断されることをお勧めします。

4 本番運用と業務改善実績

　業務アプリにおける業務の改善効果を把握するには、数値化してみるのが一番です。現実に即した厳密な数字が取得できない場合は、想定値でも問題ありません。全社員へアプリを公開して運用を開始した主人公ですが、その後はうまくいっているのでしょうか。少しのぞいてみましょう。

凄いぞ！　Power Apps！

　紙に手書きをしていた残業申請の運用が、正式に終わりを迎える日が来ました。つまり、Power Appsで作ったアプリが全社で本格運用になる、ということです。
　「おめでとうございます、Jさん！　やっと手書きから解放されますね！」後輩が声をかけてきました。
　すでに大半の部署では手書きでの運用は廃れつつあったので、大半の社員としても「会社から正式に案内された」ぐらいの感覚で、アプリがメインのツールとして定着していました。
　「本当にJさんだけで作れちゃうなんて、今でも信じられないよ。おつかれさま」にこやかに上司が会話へ参加してきました。
　「そういえば、役職者会議でX課長が"営業先で自社内製アプリを導入した！　時代は内製化です！って自慢してきた"と鼻高々に宣言してたよ」
　「えー、トライアルの際に散々文句言ったのに。さすが営業さんですね」
　それを聞いていた情報システム部の面々に笑顔がこぼれます。「まぁ、

何はともあれうまくいってよかった。成功を祝って打ち上げしよう！」

「いいですね！　主役なんだから、Jさん何が食べたいですか？」

Power Appsに興味を持ちはじめた時から、まさかこんな業務改善の結果を出せるなんて本当にすごいことだな、と感じながら、今はこの心地よい余韻を少し楽しんでもいいかな、とJは思ったのでした。

残業申請のペーパーレス化を見事に達成したJは、その後に営業部門などから相談を受けて“外回りのルート営業支援アプリ”などを開発していきます。もちろん、システムベンダーなど外部へ依頼することなく、内製で対応しています。

残業申請アプリを作成している際に知った、社外で有志のメンバーが運営しているPower Appsに関連したコミュニティ勉強会にも積極的に参加し、時には登壇するようになっていました。公私ともにPower Appsの楽しさにすっかりハマっていくJですが、ある日1通のメールを受け取ります。件名には「取材のお願い」とありました。

とあるIT系情報発信サイトから、“Power Appsによる業務改善事例として取材をさせて欲しい”というお願いだったのです。上司に相談したところ、あっさり取材を受けるOKが出てしまいました。取材相手に返信したところ“実際の改善効果などを差しさわり無い範囲で数値を教えて欲しい”というお願いが返ってきました。

「数値化かー。そういえば、実体験で“楽になった！”は全社員が感じていると思うんだけど、実際に計測したことないな……」

上司や総務部門など、詳しそうな社員に片っ端から質問して、アプリを利用することで得られた効果を集めていきます。

「あれ？　思った以上に凄い効果でてるんじゃない？」

手書きの業務を実施していた頃の正確な数値が残っているわけでもありません。そのためある程度は推測の値になっていますが、それでも年間数百万円の業務改善効果を出していることに気づきました。

「しかも、これ、全部内製でやってるんだよな……」まるで他人事のようで実感がわいてきません。

そして、取材も無事終わり、IT系情報発信サイトで大々的に取り上げられました。

「いやー、実感が無い」ブラウザーで紹介されている自分の姿を見ながら、Jは今日も新しいアプリで何か業務改善ができないか考えるのでした。

改善効果の見える化

　Power Appsのアプリで業務の効率化を達成できた際は、成果を数値化しておくと次の提案時に活用できます。例えば、「残業申請アプリの導入で、ペーパーレス化を実現できました。A4用紙が1枚n円だとした場合、改善前は年間およそ500枚の消費だったため、500*n円の経費削減が実現できています」（※数値は参考値です）と説明できると説得力がありますよね。

　また、作業時間の短縮効果もアピール可能な場面も多くあるでしょう。可能であれば、改善したい業務が元々 "どれぐらいの作業時間を要していたか?" を記録してあると、Power Appsアプリ導入後の作業時間と比較することで効果の測定が可能になります。

　とはいえ、そんな理想的に現実が進むとも限りません。特にPower Appsアプリは「思いついた時にサッと作れてしまう」という手軽さも "ウリ" の1つなので「アプリを思いつきで作った結果、業務改善ができてしまった」というパターンも発生します。その場合は、効率改善前の作業をあえてリプレイしてみて計測してみるコトをおすすめします。リプレイが難しい場合は、無作為にピックアップしたユーザーに過去の経験から "改善前の所要時間" をヒアリングする、というのも1つのアイディアです。なお、ヒアリングを実施する際は、あわせて改善前と後の感想も確認しておくとよいでしょう。「実際に利用しているユーザーの声」は非常に重要な要素です。

　ここでは、作成した残業申請アプリ・承認アプリの効果を例として測定してみたいと思います（※数値はあくまで "例" ですよ）。

Power Appsアプリによる残業申請業務の効率化について

■アプリ導入前
（1）作業概要：残業開始前に残業申請用紙へ手書きし、上司へ提出。
　　　　上司は紙媒体の資料をチェックし承認、または却下を実施する。
（2）作業に要する時間（1申請あたり）：
　　　申請者：5～10分（用紙を入手し、記入後に提出するまで）
　　　承認者：3～10分（提出内容の確認、捺印後に所定の箇所へ保

管するまで）

（3）申請数（年間）：13,000枚

■アプリ導入後
（1）作業改善：申請者、承認者ともにブラウザー、またはスマートフォン・タブレットにて場所や時間を選ばずに処理が可能になった
（2）アプリ導入後の作業に要する時間（1申請あたり）：
　　申請者：1〜5分
　　承認者：1〜5分

■アプリ導入による業務改善および経費削減効果
（A）業務改善効果
　　残業申請アプリ、承認アプリにより作業時間を50%以上改善。

　　（a）申請者、承認者ともに残業申請用紙を利用した場合：1申請あたり10分と定義
　　（b）申請者、承認者ともにアプリを利用した場合：1申請あたり5分と定義
　　（c）申請数＝年間13,000件

　　アプリ導入前：10分（a）＊13,000件（c）＝130,000分（約2,167時間）
　　アプリ導入後：5分（b）＊13,000件（c）＝65,000分（約1,084時間）

（B）経費削減効果
　　上記（c）より、残業申請用紙はA4用紙へ印刷し、2枚に切断して利用していたため、年間6,500枚の用紙削減を実現。加えて、総務部、人事部の用紙を印刷・切断する作業が不要となった（上記（A）の効果には当作業改善の効果は含めていない）。

以上の結果より、Power Appsアプリを利用することにより、業務改善、および経費削減へ大きな貢献が実施できたと判断する。

繰り返しになりますが「あくまで架空の一例」ですからね！　ちなみに、作業時間あたりに金額を付けて、A4用紙1枚あたりの単価も加味して計算すると金額というインパクトのある数値も計算可能です。実際の測定が困難な場合であっても、ある程度の仮定と総数から推測することで業務改善の結果が数値化できます。

　上記のような簡易な報告書でも数値があって、改善されたぞ！というのが伝わると、新しいチャレンジをする場合の説得力が増すんじゃないかと考えています。加えて、今まで手作業だった作業をシステム化・アプリ化すると、結果的に電子化されたデータもあわせて入手できるようになるハズです。そのデータを利用した副次的なプラスの効果もあると考えられます。

　何と言っても、忘れてはいけないアピールポイントは「Power Appsで"内製"ができる」という点です。実際、物語パートではすべて内製で完結しています。

　もちろん、内製化が困難なシステム要件も存在します。例えば、Power Appsはインターネットに接続された状態で利用される前提のソリューションです。完全にオフラインで利用が想定されるシステムはそぐわないですよね。また、複雑なデータ連携や圧倒的多数の情報を取り扱うようなシステムもPower Appsは苦手です。"Power Appsでは対応が難しい"と判断できる要件の場合は、専門家のチカラを借りてください。

※オフラインでも一時的にデータ保存可能な仕組みも提供されていますが、初学者向けのレベルを超えると判断して本書ではふれていません。興味のある方はご自身で調べて試してみてください。

　システム化を実施する際、システム化の要件は業務を把握している方から提示してもらわないといけません。業務のコトを一番把握しているのは誰でしょうか？　答えは「実際に、その業務を実施している人」ですよね？　"業務を一番把握している人"がシステム化、アプリ作成ができたら、どうでしょう？　最強じゃないですか？

　Power Appsは、そんな「業務の実担当者が、自分でアプリ作成ができる」ソリューションです。小さなアプリでかまいません。小さなアプリで、小さな改善を繰り返して、明るい未来をつかみ取っていただけたら幸いです。

第**5**章

エピローグ ～未来にむけて～

　この章は、著者の二人が対談形式でお送りしたいと思います。「この先の未来に向けて」という仰々しいサブタイトルですが「本書を読了した後、次のステップを踏むためのヒント」をご提供できれば、という思いで会話しております。

1 後継者をどうするか？

　著者の二人が本書の内容をふりかえります。夜な夜な繰り返される山田（以降、山）と小玉（以降、玉）のWeb会議での会話です。まずは、物語パートで取り上げた事例について話が始まります。

山「残業申請アプリは、かなりうまくいったようですね。すべてが内製で完結しているので、費用対効果凄いんじゃないですか」

玉「そうですね。ただ、Jが独りでアプリ作成していたので、不具合が見つかった時の修正とか改善が彼にしかできないのはネックになりますよね」

山「確かに！　どうしたらいいんでしょうね？　後継者というか仲間を増やす必要がありますねー。何かアイディアあります？って、そういえば、小玉さん。実務でPower Appsの社内勉強会を開催してましたよね？」

玉「はい、以前勤めていた会社で実際に社内勉強会を開催していました。参加者が必ずしも開発経験者ではないこともありコンテンツ作りに悩みました。とりあえず自動生成したアプリをベースに広げていけばいいのかなと思って行き当たりばったりで始めました」

山「本書でも取り上げていますが、自動生成されるアプリってPower Appsの入門にホント最適ですよね！」

玉「画面遷移のNavigate関数、データを更新するFormコントロールやSubmitForm関数など、業務アプリに必要な要素が全部詰まっていると言っても過言ではないです」

山「細かい画面の制御はともかく、自動生成されるアプリと同じようなモノをゼロベースで作成できるようになったら、業務アプリを色々作れるレベルになれると思いますよ」

玉「勉強会は合計で8時間くらい開催したのですが、ゼロベースで作成できるところまで持っていくのはなかなか難しいですね」

山「勉強会は座学形式だったのですか？」

玉「いえ、ハンズオン形式で実施しました。勉強会の時間の半分弱は各自手を動かしてもらう時間だったこともあり、自動生成したアプリを少しカスタマイズする程度で終わってしまいました」

玉「勉強会をきっかけに個別に質問をしてくれる人も現れまして、そういう方は少しずつゼロベースでアプリを作成できるようになっていきましたね」

山「素晴らしい」

玉「あと、言語は何も知らないけど興味津々な方のほうが、他のプログラミング言語を知っている方よりも習得が早かった印象があります」

山「Power Appsはリアクティブ*なので、他の開発言語を経験していると戸惑うんだと思います。その点、プログラミング未経験の方は"こういうモノなのね"と素直に受け取れるんでしょうね。加えて、やる気があれば何でもできる！w」

玉「はい。ですので、社内で興味のある人を見つけることが一番大事なのかもしれません。そのためにも、社内勉強会をまず開催して反応を見てみるのが一番の近道だと思います」

山「確かに！　実際に勉強会を開催して、積極的に質問してくる参加者だったり、自分で調べて進むような方が居たらスグに分かりますもんね。そんな人たちを仲間に引き入れていけばよいってことですね。まずは簡単な内容でかまわないので、ぜひお試しください！です」

玉「社内でPower Apps仲間を増やしていきましょう！　企業の垣根を超えたコミュニティ勉強会も非常によいのですが、会社の中で共通の言葉で会話できるメンバーが居ると心強いです」

※　効果を得たい側から、効果を与える側を参照する仕組み

初学者がつまずくポイント

　前節は"後継者をどうするか"と大げさなタイトルにしましたが、"仲間を増やしていきましょう"ですね。Power Appsであれば、システム開発の経験がない方でも実践しやすいと思います。

🏔「プロ開発者ではない、"市民開発者（Citizen Developer）"ですね。社内勉強会は、市民開発者と呼ばれる立ち位置のメンバーっていたんですか？」

🀄「私ともう1名ぐらいしかシステム開発の知識が無かったので、ほとんどのメンバーが市民開発者でしたよ」

🏔「なるほど。実際に社内勉強会を開催した経験から"ここはポイントだな"というトコありますか？」

🀄「私が社内勉強会を開催していて気付いた点として、システム開発経験のない方にはデータベースの基礎を簡単に教えてあげる必要があると感じました」

🏔「おー、データベースの基礎ですか。テーブル設計と言ってもよいですかね？　確かに、正規化やリレーションなどの概念は、データベース設計を多少でも知ってないと単語すら伝わらないでしょうね……」

🀄「開発経験のない方は、SharePoint Onlineカスタムリストに何の列を追加すればよいのか分からない方が多かったです。でもこれは当然のこと」

🏔「本書で残業申請アプリを作成する前に設計フェーズを置きましたが、まさしくシステム設計の箇所ですね。システム開発の手順について学んだコトがないと気づけないと思います」

🀄「自分もシステム開発経験はほとんどないのですが、たまたま他の開発言語でWebシステムを構築した経験があったおかげで、違和感なくPower Appsを始められたのかもしれません」

🏔「当方は元々開発者だったので、システム設計は経験ありました。データベースの知識や設計も経験があったぶん、そこは全然気にならなかったポイントです。市民開発者の方には"データをどう取り扱

うか？" という概念からおさえてもらうとスムーズってことですね！」

🈙「データベース設計、Power Appsの世界だとデータソース設計と表現したほうが正確かもしれませんね。そこに関しては、システム開発関連の書籍などで基礎的なテーブル設計の手順を学習すればよいと思います」

🈷「データ項目、つまりテーブルの列をどうするか？ どこまで正規化するか？ ですよね。繰り返しになっちゃいますが、私はシステム開発経験が乏しいので、自分でアプリを作る際も毎回悩みます」

🈙「設計に絶対解は無いですからねぇ。最適解を求めている、という気持ちで当方はデータソース設計してますね」

🈷「確かに！"最適解"ですよね。例えば教科書的には正規化が崩れているからNGだとしても、その時の業務や作成したいアプリに対応したデータソースだったら全然OKですもんね」

🈙「その通りですよ。いわゆる"教科書どおり"じゃなくてもよいんですよ。作りたいアプリが動いて、目的が達成できれば、まずはOKだと思ってよいと考えてます。システム屋さん的に言う"美しい"設計にするのは作り直しでもよいんですよね。Power Appsは開発スピードめっちゃ早いですもん」

🈙「あとは、複雑なコトをしないように気を付けるコト！"将来的に〇〇〇が必要になるかもしれない"みたいな事は一旦メモしておく程度にとどめて、まずは必要最低限のデータ設計でシンプルにアプローチすべきと個人的に考えています」

🈷「あとは、初学者の方に是非覚えて欲しいテクニックは"検索の仕方"ですね」

🈙「検索サイトの使い方ですか。それ重要ですね。頻繁に利用するコントロールや関数なら何も見ないで使えるんですが、たまにしか利用しないヤツは当方も検索して使い方を調べます(汗)」

🈷「Power Appsに関する情報、私がPower Appsを触り始めた3年ほど前は日本語の情報はほとんどありませんでした」

🈙「そうそう。英語ばっかりでしたね。当方は英語苦手なので、毎回、翻訳ツールにお世話になっております(汗)」

🈷「その時と比べると格段に日本語の情報量が増えたと思います。有志のBLOGなども増えてますよね。ただ、たまに日本語の情報だけでは足りない場合もあります。例えば委任をDelegateと検索するなど、英語で検索する必要がある」

「サービス提供元が英語圏ですからねぇ。最新情報は英語が基本ですし、日本語の情報と比較したら英語のほうが圧倒的に多いのは事実ですよね」

「はい。なので"英語は苦手！"という方も、勇気を出して英語で検索して欲しいです。最近は自動翻訳も優秀ですから」

「極端なコトを言うと、データ設計の基礎とグg……検索するスキルと、やる気があれば何の問題もないかと思ってます」

「間違いない。Power Appsがローコード・ノーコードソリューションとはいえ、基礎知識は必要だと思います。業務アプリを作ろうと思うとデータは必然的に考える必要がある」

「はい。なので、Power Appsのアプリ作成がある程度把握できたら、データ設計について知識が無いな、と思う方は是非とも検索して学習して欲しいと思います」

3 Power Apps特有の注意点について

元開発者からみて、Power Appsには"ならではの注意点"があるな、と思ってるんですよ。"データソースの選択"だったり"委任問題"だったり……。

「Power Apps for Office 365ライセンスだと、データソースの選択肢は限られちゃいますけどね(苦笑)」

「Power Apps for Office 365ライセンスのみ、ってなるとSharePoint Online（以降、SPO）か、Dataverse for Teams（以降、Dv4T）か、ですよね。Excelも使えますが、本書の冒頭に登場したように"うっかりExcelファイル消しちゃった"という悲劇が容易に起こせます。なので、有償ライセンスが無い状態で業務アプリのデータソースを選ぶなら当方としてはSPOかDv4Tを推奨したいですね」

「私が情報システム部でアプリ作成していた頃はDv4Tが無かったの

で、SPOばっかりでしたよ」

山「そうそう、SPOと言えば"委任"問題！　そして、委任問題の回避と言えば、小玉さんですよ」

玉「いやいや、なんですかソレ。委任問題を解決する専門家ではないですよ(汗)。単純に、委任の問題に悩まされて、あーでもないこーでもないって調べて試した回避方法を情報発信してるだけです。リアルで苦労させられたので、同じ苦労をしてる方を救いたかっただけです」

山「その発信してくれた情報が、何人の迷える子羊を救ったことか。当方も迷える子羊の1匹でしたからね。情報発信ありがとうございます」

玉「お役に立てていれば幸いです(笑)。最近は、Power Appsのアップデートで委任される関数が増えてきています。私が苦労した数年前のナレッジが意味をなさなくなっている(苦笑)」

山「あらためて"委任問題"とは"特定の関数で絞り込み等をデータソース側にお願いできないので意図した結果を得られない"というPower Apps特有の注意点でしたよね。本書でも回避するテクニックを紹介しています」

玉「必ずしも回避する必要がない場合もありますよね。業務上、データが確実に閾値を超えないのであれば、委任の警告を無視して利用しても全く問題無い」

山「そこ重要なポイントですよね！　あくまで"警告"なので、仕様や運用上問題なければ無視する。そこを判断するには知識が必要ですが、本書をここまで読んでくださった皆さんは大丈夫じゃないかな、と期待してます」

玉「Power Appsはアプリが簡単で高速に開発できるので、改善したい業務などの分析をしっかりしておけば、ある程度は判断が可能になると思ってます」

4 まとめ

そろそろ、まとめましょう。このままだと、朝まで喋ってしまいそうですからね。

- 後継者や仲間を増やすには「社内勉強会」がおススメ
- データ設計の基礎を学んでおくとよい
- 検索の仕方は重要。英語のサイトも恐れずにチャレンジしてください！
- 運用上問題無い場合は"警告"などは無視してもよい！
- 業務アプリを作る前に、対象業務を分析しましょう！

山「キーワードは以上ですかね？」

山「個人的には"リアクティブ"だったり、アプリの設計や選択したデータソースによるレスポンス関連についても語りたいのですが、あまり詰め込み過ぎてもパンクしちゃいますよね」

玉「そうですね。本書で扱いきれない範囲はぜひとも検索して調べていただきたいと思います」

山「自分で調べて試したコトって、自分の糧になりますからね」

玉「Power Appsの開発スピードは非常に早いです。業務を把握している人が自力で"欲しいアプリを自分で作る"という世界は本当に凄いコトだと思います」

山「いわゆる"市民開発者"ですね。そして、市民開発者の方々では対応が難しい場面はプロ開発者の方々を頼っていただきたいです。例えば"このAPIだけあれば目的のアプリが作れるのに！"というタイミングでAPI作成だけをプロの方へ依頼する、など」

玉「その"ここから先は難しいかな"という判断は、やはり多少なりとも知識や経験が無いと難しいと思います」

山「知識は書籍やWebから入手できますが、やはり自分で手を動かして作ってみるのが経験値を稼ぐのに最適ですよね。まず作る、試す、話しはそれからだ、ですね」

玉「我々も参加していますが、Power Appsが含まれるPower Platformのコミュニティ等で活発に情報交換や勉強会も実施しています。学ぶチャンスは沢山ありますので、我々と一緒に次のステップへ進んでいきましょう！」

山 玉「最後まで読んでいただきありがとうございました！！」

おわりに

単なる辞書ではなく、読んでいてワクワクする本を書こう。
この本の執筆の話をいただいた際に、真っ先に考えた事です。

参考書なのにワクワク？と思うかもしれません。

世の中には情報が溢れています。1覚えた人が100にするために必要な情報はたくさんあります。でも、0を1にするのは容易ではありません。
この本は、そんな0の位置に立っている皆さん、アプリ作成に興味を持たれた皆さんの背中を押せる本にしたい。これまでアプリを作ったことのない方に、ひとりでも多くアプリを作る面白さを知ってもらいたい。この本はそんなことを常々考えながら書きました。
この本が、少しでも皆様のお役に立てたら幸いです。

最後までお読みいただいた読者の皆様。
Power Platform コミュニティを盛り上げてくれるユーザーの皆様。
そして、愛すべき家族たち。
ここまでお付き合いいただき、ありがとうございました。

Power Appsの世界をぜひお楽しみください！

索 引

さ

た

な

は

ま

ら

著者紹介

小玉 純一
（こだま じゅんいち）

通称「じゅんじゅん」。
Microsoft MVP for Business ApplicationsをPower Apps、Power Automateで受賞（2020〜2021年7月）。
前職の非IT系企業では情報システムに所属し、Power AppsをはじめとしたPower Platformを利用した業務改善を実施。その後、Power Platformのコンサルタントを経て、現在はプリセールスエンジニアとして活動中。
Japan Power Apps User Groupをはじめとする各種コミュニティでの登壇・発表多数。加えて、趣味の音楽好きが高じてPower Appsで楽器アプリを作成し、SNSやコミュニティイベントで演奏するなど、幅広い活動をしている。Power Appsで作成した楽器アプリを演奏するJapan Power Apps Orchestraコミュニティ創立メンバーの1人。

● Blog
　https://jn.hateblo.jp

● Japan Power Apps Orchestraの動画
　https://youtu.be/XDmKEf_h1uo?t=18

山田 晃央
（やまだ てるちか）

通称「やまさん」。
Microsoft MVP for Business ApplicationsをPower Apps、Power Automateで受賞（2020年〜）。
2000年からプログラマーとしてキャリアをスタートし、現在は、愛知県に本社を置くシステム系企業でシニアテクニカルマネージャ。Microsoft 365やAzureなど、Microsoftのクラウド製品の提案やコンサルティングを行っている。
技術者のための情報共有サービスQiitaへ、Power Appsを中心にPower Platformに関する記事を投稿。初心者の視点に立った丁寧な記事が高く評価されており、Power Appsカテゴリーのユーザーランキング総合第一位。
Japan Power Apps User GroupやJapan Power Platform User Groupなど国内の技術コミュニティの運営に加え、名古屋を中心とした地方の技術コミュニティも主催。幅広く登壇などの活動を行っている。

● Blog
　https://qiita.com/yamad365

装丁／小口 翔平＋三沢 稜＋後藤 司 (tobufune)
DTP／株式会社明昌堂

マイクロソフト　パ　ワ　ー　アップス
Microsoft Power Apps入門

手を動かしてわかるローコード開発の考え方

2021年10月20日 初版　第1刷発行
2023年 6月 5日 初版　第6刷発行

著者　　小玉 純一 (こだま じゅんいち)
　　　　山田 晃央 (やまだ てるちか)
発行人　佐々木 幹夫
発行所　株式会社 翔泳社 (https://www.shoeisha.co.jp)
印刷 / 製本　日経印刷株式会社

ISBN978-4-7981-7055-8
Printed in Japan